高等职业教育工程造价与工程管理类专业"十三五"规划教材

平法识图与钢筋算量

主　编　熊亚军

副主编　舒灵智　刘译霞

主　审　刘天林

WUHAN UNIVERSITY PRESS
武汉大学出版社

图书在版编目(CIP)数据

平法识图与钢筋算量/熊亚军主编 . —武汉:武汉大学出版社,2017.8
(2021.8 重印)
高等职业教育工程造价与工程管理类专业"十三五"规划教材
ISBN 978-7-307-19650-6

Ⅰ.平⋯　Ⅱ.熊⋯　Ⅲ.①钢筋混凝土结构—建筑构图—识图—高等职业教育—教材　②钢筋混凝土结构—结构计算—高等职业教育—教材
Ⅳ.TU375

中国版本图书馆 CIP 数据核字(2017)第 219387 号

责任编辑:孙　丽　杨赛君　　责任校对:杜筱娜　　装帧设计:吴　极

出版发行:**武汉大学出版社**　(430072　武昌　珞珈山)
(电子邮箱:whu_publish@163.com　网址:www.stmpress.cn)
印刷:武汉图物印刷有限公司
开本:787×1092　1/16　印张:10.25　字数:240 千字
版次:2017 年 8 月第 1 版　2021 年 8 月第 5 次印刷
ISBN 978-7-307-19650-6　　定价:33.00 元

前　言

平法,从 1996 年 11 月开始发行的 96G101 系列图集开始,到 2016 年 9 月 1 日正式发行的 16G101 系列图集,中间经历了多次的完善和修订,它代表着我国建筑结构设计的完善和施工技术的飞速发展。随着我国城市化进程的加快和国家对国际项目的大力推进,建筑行业对建筑人才的要求越来越高,即必须具有过硬的技术水平和能力。因此,掌握和认识平法的完整系统有助于提升技术水平和能力。

本书从岗位工作需要和教学要求出发,严格以《混凝土结构施工图平面整体表示方法制图规则和构造详图(现浇混凝土框架、剪力墙、梁、板)》(16G101-1)、《混凝土结构施工图平面整体表示方法制图规则和构造详图(独立基础、条形基础、筏形基础、桩基础)》(16G101-3)为编制依据,主要内容包括概述,独立基础、条形基础等基础构件的平法识图和钢筋算量,柱构件、梁构件、板构件等主体构件的平法识图与钢筋算量。因为考虑教学要求和目前软件算量的应用以及发展,本书没有选取相对复杂的基础构件、楼梯构件和剪力墙主体构件。

本书主要编写特色如下:

(1)以最新的规范《混凝土结构施工图平面整体表示方法制图规则和构造详图(现浇混凝土框架、剪力墙、梁、板)》(16G101-1)、《混凝土结构施工图平面整体表示方法制图规则和构造详图(独立基础、条形基础、筏形基础、桩基础)》(16G101-3)为编制依据,内容科学、规范。

(2)内容由浅入深,先从平法识图入手,再到识读构造详图,最后能够根据工程实际计算相应的钢筋工程量,循序渐进,有助于提升学习效果。

(3)在每个章节都有对应的算例,思路清晰,计算过程详细,便于对照国家标准图集加深理解。

本书由湖南工程职业技术学院熊亚军担任主编,湖南工程职业技术学院舒灵智、刘译霞担任副主编。全书由熊亚军统稿。湖南水利水电职业技术学院刘天林担任本书主审。

本书在编撰过程中参阅和借鉴了同类教材、图集和有关国家标准,在此向相关作者表示衷心的感谢!

由于编者的学识和经验有限,书中难免存在疏漏或未尽之处,恳请广大读者批评、指正。

编　者

2017 年 6 月

目　录

1 概　　述

1.1　钢筋基础知识

1.1.1　钢筋的分类

1.按化学成分分

钢筋按化学成分分为碳素钢和合金钢。

(1)碳素钢:指含碳量小于 2.11%,除铁、碳和限量以内的硅、锰、磷、硫等杂质外,不含其他合金元素的铁碳合金。碳素钢的性能主要取决于含碳量。根据含碳量的多少,碳素钢分为低碳钢(含碳量小于 0.25%)、中碳钢(含碳量为 0.25%~0.6%)和高碳钢(含碳量大于0.6%)。含碳量增加,钢的强度、硬度升高,塑性、韧性和可焊性降低。

(2)合金钢:指在普通碳素钢基础上添加适量的一种或多种合金元素而构成的铁碳合金。一般添加的合金元素包括锰、硅、钒、钛等,可使钢材的强度、塑性等综合性能提高,从而使钢筋具有强度高、塑性及可焊性好的特点。根据添加合金元素的多少,合金钢可分为低合金钢(合金元素含量在 5%以内)、中合金钢(合金元素含量为 5%~10%)和高合金钢(合金元素含量在 10%以上)。

2.按轧制外形分

钢筋按轧制外形分为光面钢筋和带肋钢筋。

(1)光面钢筋:钢筋被轧制成光面圆形截面,供应形式一般为盘圆,直径不大于 10 mm。

(2)带肋钢筋:钢筋被轧制成表面带肋截面,肋的形式有螺旋纹、人字纹和月牙纹(图 1-1)三种,其中月牙纹肋最常见。供应形式一般为直条,单根长度为 6~12 m。

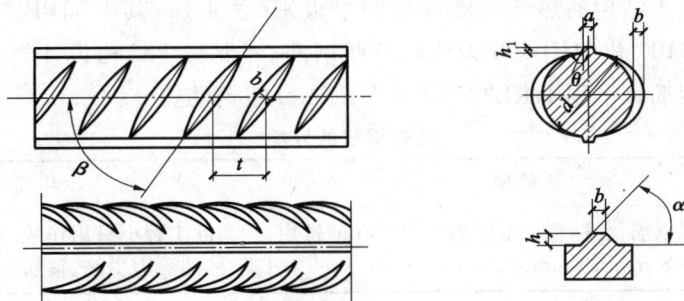

图 1-1　月牙纹钢筋

1

3.按直径大小分

钢筋按直径大小分为钢丝(直径为 3～5 mm)、细钢筋(直径为 6～10 mm)、中粗钢筋(直径为 12～20 mm)和粗钢筋(直径大于 22 mm)。

4.按屈服强度分

钢筋按屈服强度分为 300 级、335 级、400 级和 500 级。

5.按生产工艺分

钢筋按生产工艺分为热轧钢筋、冷轧带肋钢筋、冷拉钢筋和冷拔钢筋。

(1)热轧钢筋:是经热轧成型并自然冷却的成品钢筋,由低碳钢和普通合金钢在高温状态下压制而成。热轧钢筋应具备一定的强度,即屈服强度和抗拉强度,它们是结构设计的主要依据。同时,为了满足结构变形、吸收地震能量以及加工成型等要求,热轧钢筋应具有良好的塑性、韧性、可焊性以及钢筋与混凝土间的黏结性能。

(2)冷轧带肋钢筋:是用热轧盘条经多道冷轧减径,一道压肋并经消除内应力后形成的一种带有两面或三面月牙形的钢筋。冷轧带肋钢筋屈服强度较高,塑性性能差。

(3)冷拉钢筋:是在常温条件下,以超过原来钢筋屈服点强度的拉应力,强行拉伸钢筋,使钢筋产生塑性变形,以达到提高钢筋屈服强度和节约钢材的目的。经过冷加工,钢筋硬度变大,韧性变差,提高了屈服强度,节约了钢材。

(4)冷拔钢筋:将直径为 6～8 mm 的热轧光圆钢筋在常温下强力通过特制的直径逐渐减小的钨合金拔丝孔,使钢筋产生塑性变形,以改变其物理力学性能。冷拔后钢筋抗拉强度可提高 40%～90%,塑性降低,硬度提高。

6.按在结构中的作用分

钢筋按在结构中的作用分为受压钢筋、受拉钢筋、架立钢筋、分布钢筋、箍筋等。

1.1.2 常用的钢筋类型

1.普通钢筋

普通钢筋是指用于钢筋混凝土结构中的热轧钢筋和预应力混凝土结构中的非预应力钢筋。用于钢筋混凝土结构的热轧钢筋分为四个级别(表 1-1),其中 HPB300 为热轧光圆钢筋,HRB335、HRB400 和 HRB500 为热轧带肋钢筋。《混凝土结构设计规范》(GB 50010—2010)规定,普通钢筋宜采用 HRB335 级和 HRB400 级钢筋。

表 1-1　　热轧钢筋的分类

级别	规格	用途
HPB300 级钢筋	光圆钢筋,公称直径范围为 8～20 mm,常用直径为 8 mm、10 mm、12 mm、16 mm	实际工程中只用作板、基础和荷载不大的梁、柱的受力主筋、箍筋以及其他构造钢筋

级别	规格	用途
HRB335级钢筋	月牙纹钢筋,公称直径范围为6~50 mm,常用直径为 6 mm、8 mm、10 mm、12 mm、16 mm、20 mm、25 mm、32 mm、40 mm、50 mm	为混凝土结构的辅助钢筋,实际工程中主要用作结构构件中的受力钢筋
HRB400级钢筋	月牙纹钢筋,公称直径和常用直径与HRB335级钢筋相同	为混凝土结构的辅助钢筋,实际工程中主要用作结构构件中的受力钢筋
HRB500级钢筋	月牙纹钢筋,公称直径范围为8~40 mm,常用直径为 8 mm、10 mm、12 mm、16 mm、20 mm、25 mm、32 mm、40mm	其强度虽高,但冷弯性能、抗疲劳性能以及可焊性均较差,故应用受到一定限制

(1) 带肋钢筋的表面标志应符合下列规定:

① 带肋钢筋应在其表面轧制牌号标志,还可依次轧制经注册的厂名(或商标)和公称直径毫米数字。

② 钢筋牌号以阿拉伯数字或阿拉伯数字加英文字母表示,HRB335、HRB400、HRB500分别以3、4、5表示。厂名以汉语拼音首字母表示。公称直径毫米数以阿拉伯数字表示。

③ 公称直径不大于10 mm的钢筋,可不轧制标志,采用挂标牌的方法。

④ 标志应清晰、明了,标志的尺寸由供方按钢筋直径大小做适当规定,与标志相交的横肋可以取消。

除上述规定外,钢筋的包装、标志和质量证明书应符合《型钢验收、包装、标志及质量证明书的一般规定》(GB/T 2101—2008)的有关规定。

(2) 钢筋通常按直条交货,直径不大于12 mm的钢筋也可按盘卷交货。

(3) 钢筋的公称横截面面积与理论重量见表1-2。

表1-2 **钢筋的公称横截面面积与理论重量**

公称直径/mm	公称横截面面积/mm²	理论重量/(kg/m)
6	28.27	0.222
8	50.27	0.395
10	78.54	0.617
12	113.1	0.888
14	153.9	1.208
16	201.1	1.578
18	254.5	1.998
20	314.2	2.466
22	380.1	2.984
25	490.9	3.853
28	615.8	4.834
32	804.2	6.313
36	1018	7.990

公称直径/mm	公称横截面面积/mm²	理论重量/(kg/m)
40	1257	9.865
50	1964	15.414

注:1. 本表中的理论重量按密度为 7.85 g/cm³ 计算。

2. 根据钢筋的密度,可得简化的计算钢筋理论重量的公式:

$$m = 0.0061654d^2 \cdot L \cdot n$$

式中　　m——钢筋理论重量,kg;

　　　　d——钢筋直径,mm;

　　　　L——钢筋计算长度,m;

　　　　n——钢筋的计算根数。

（4）钢筋进场前应按批进行检查和验收,每批由同一牌号、同一炉罐号、同一规格的钢筋组成。每批质量通常不大于 60 t。超过 60 t 的部分,每增加 40 t（或不足 40 t 的余数）增加一个拉伸试验试样和一个弯曲试验试样。

允许由同一牌号、同一冶炼方法、同一浇注方法的不同炉罐号组成混合批,但各炉罐号含碳量之差不大于 0.02%,含锰量之差不大于 0.15%。混合批的质量不大于 60 t。

2. 预应力钢筋

预应力钢筋应优先采用预应力钢丝和钢绞线,也可采用热处理钢筋。

（1）预应力钢丝:主要指消除应力钢丝,其外形有三种,即光圆、螺旋肋和三面刻痕。

（2）钢绞线:由多根高强度钢丝绞织在一起而形成,有 3 股和 7 股两种,多用于后张法预应力大型构件。

（3）热处理钢筋:包括 $40Si_2Mn$、$48Si_2Mn$ 及 $45Si_2Cr$ 等几种牌号,它们都以盘条形式供应,无须冷拉、焊接,施工方便。

1.2　平法基础知识

1.2.1　平法的概念

平法,即建筑结构施工图平面整体设计方法,它对目前我国混凝土结构施工图的设计表示方法作了重大改革,被科学技术部、住房和城乡建设部列为科技成果重点推广项目。

平法的表达形式,概括地讲,就是把结构构件的尺寸和配筋等,按照平面整体表示方法制图规则,整体直接表达在各类构件的结构平面布置图上,再与标准构造详图相配合,即构成一套新型、完整的结构设计。它改变了传统的将构件从结构平面布置图中索引出来,再逐个绘制配筋详图,画出钢筋表的烦琐方法。

按平法设计绘制的施工图,一般由两个部分构成,即各类结构构件的平法施工图和标准构造详图;但对于复杂的工业与民用建筑,尚需增加模板、预埋件和开洞等平面图;只有在特殊情况下才需增加剖面配筋图。

按平法设计绘制结构施工图时,应明确下列几个方面的内容。

(1) 必须根据具体工程设计,按照各类构件的平法制图规则,在按结构(标准)层绘制的平面布置图上直接表示各构件的配筋、尺寸和所选用的标准构造详图。出图时,宜按基础、柱、剪力墙、梁、板、楼梯及其他构件的顺序排列。

(2) 应将所有各构件进行编号,编号中含有类型代号和序号等。其中,类型代号的主要作用是指明所选用的标准构造详图;在标准构造详图上,按其所属构件类型注明代号,以明确该详图与平法施工图中相同构件的互补关系,使两者结合构成完整的结构设计图。

(3) 应当用表格或其他方式注明包括地下和地上各层的结构层楼(地)面标高、结构层高及相应的结构层号。

在单项工程中,其结构层楼面标高和结构层高必须统一,以确保基础、柱与墙、梁、板等用同一标准进行竖向定位。为了便于施工,应将统一的结构层楼面标高和结构层高分别放在柱、墙、梁等各类构件的平法施工图中。

注:结构层楼面标高是指将建筑图中的各层地面和楼面标高值减去建筑面层及垫层做法厚度后的标高,结构层号应与建筑楼面层号对应一致。

(4) 按平法设计绘制施工图,为了能够保证施工员准确无误地按平法施工图进行施工,在具体工程的结构设计总说明中必须写明下列与平法施工图密切相关的内容:

① 选用平法标准图的图集号。

② 混凝土结构的使用年限。

③ 有无抗震设防要求。

④ 各类构件在其所在部位所选用的混凝土强度等级和钢筋级别,以确保相应纵向受拉钢筋的最小搭接长度及最小锚固长度等。

⑤ 柱纵筋、墙身分布筋、梁上部贯通筋等在具体工程中需接长时所采用的接头形式及有关要求。必要时,尚应注明对钢筋的性能要求。

⑥ 当标准构造详图有多种可选择的构造做法时,写明在何部位选用何种构造做法;当没有写明时,为设计人员自动授权施工员可以任选一种构造做法进行施工。

⑦ 对混凝土保护层厚度有特殊要求时,写明不同部位的构件所处的环境类别,在平面布置图上表示各构件配筋和尺寸的方式,包括平面注写方式、截面注写方式和列表注写方式三种。

1.2.2 平法的特点

从 1991 年 10 月"平法"首次运用于济宁工商银行营业楼,之后的三年又在几十项工程设计上成功实践,平法的理论与方法体系向全社会推广的时机已然成熟。1995 年 7 月 26 日,在北京举行了由建设部组织的"'建筑结构施工图平面整体设计方法'科研成果鉴定"会议,会上我国结构工程界的众多知名专家一致认同"平法"的效果,这效果归纳为如下六点:

（1）掌握全局。

平法使设计者容易进行平衡调整，易校审，易修改，改图可不牵连其他构件，易控制设计质量；平法能适应业主分阶段分层提图施工的要求，也能适应在主体结构开始施工后又进行大幅度调整的特殊情况。平法分结构层设计的图纸与水平逐层施工的顺序完全一致，对标准层可实现单张图纸施工，施工工程师对结构比较容易形成整体概念，有助于施工质量管理。平法采用标准化的构造详图，形象、直观，施工易懂、易操作。

（2）更简单。

平法采用标准化的设计制图规则，结构施工图表达符号化、数字化，单张图纸的信息量较大并且集中；构件分类明确，层次清晰，表达准确，设计速度快，效率成倍提高。

（3）更专业。

标准构造详图可汇集国内较可靠、成熟的常规节点构造，集中分类归纳后编制成国家建筑标准设计图集供设计选用，可避免反复抄袭构造做法及伴生的设计失误，确保节点构造在设计与施工两个方面均达到较高质量。另外，它对节点构造的研究、设计和施工实现专门化提出了更高的要求。

（4）高效率。

平法大幅度提高设计效率，能快速解放生产力，迅速缓解基本建设高峰时期结构设计人员紧缺的局面。在推广平法比较早的建筑设计院，结构设计人员与建筑设计人员的比例已明显改变，结构设计人员在数量上已经少于建筑设计人员，有些设计院结构设计人员只占建筑设计人员的 $1/4 \sim 1/2$，结构设计周期明显缩短，结构设计人员的工作强度已显著降低。

（5）低能耗。

平法大幅度降低设计消耗，降低设计成本，节约自然资源。平法施工图是定量化、有序化的设计图纸，与其配套使用的标准设计图集可以重复使用，与传统方法相比图纸量减少70%左右，综合设计工日减少 2/3 以上，每十万平方米设计面积可降低设计成本 27 万元，在节约人力资源的同时还节约了自然资源。

（6）改变用人结构。

平法促进人才分布格局的改变，实质性地影响了建筑结构领域的人才结构。设计单位对工业与民用建筑专业大学毕业生的需求量已经明显减少，为施工单位招聘结构人才留出了一定空间，大量建筑工程专业毕业生到施工部门择业逐渐成为普遍现象，使人才流向发生了比较明显的转变，人才分布趋向合理。随着时间的推移，高校培养的大批土建高级技术人才必将对施工建设领域的科技进步产生积极作用。平法促进结构设计水平的提高，促进设计院内的人才竞争。设计单位对年度毕业生的需求有限，自然形成了人才的就业竞争，竞争的结果自然是为比较优秀的人才进入设计单位提供更多机会，长此以往，可有效提高结构设计队伍的整体素质。

1.2.3 平法的发展

G101 平法系列图集发行状况见表 1-3。

表 1-3   **G101 平法系列图集发行状况**

年份	大事记	说明
1995 年 7 月	平法通过了建设部科技成果鉴定	
1996 年 6 月	平法列为建设部 1996 年科技成果重点推广项目	
1996 年 9 月	平法被批准为"国家级科技成果重点推广计划"	
1996 年 11 月	96G101 图集发行	96G101 图集、00G101 图集、《混凝土结构施工图平面整体表示方法制图规则和构造详图（现浇混凝土框架、剪力墙、框架-剪力墙、框支剪力墙结构）》(03G101-1) 讲述的均是梁、柱、墙构件
2000 年 7 月	96G101 图集修订为 00G101 图集	
2003 年 1 月	00G101 图集依据国家 2000 系列混凝土结构新规范修订为《混凝土结构施工图平面整体表示方法制图规则和构造详图（现浇混凝土框架、剪力墙、框架-剪力墙、框支剪力墙结构）》(03G101-1)	
2003 年 7 月	《混凝土结构施工图平面整体表示方法制图规则和构造详图（现浇混凝土板式楼梯）》(03G101-2) 发行	板式楼梯平法图集
2004 年 2 月	《混凝土结构施工图平面整体表示方法制图规则和构造详图（筏形基础）》(04G101-3) 发行	筏形基础平法图集
2004 年 11 月	《混凝土结构施工图平面整体表示方法制图规则和构造详图（现浇混凝土楼面与屋面板）》(04G101-4) 发行	楼面及屋面板平法图集
2006 年 9 月	《混凝土结构施工图平面整体表示方法制图规则和构造详图（独立基础、条形基础、桩基承台）》(06G101-6) 发行	独立基础、条形基础、桩基承台平法图集
2009 年 1 月	《混凝土结构施工图平面整体表示方法制图规则和构造详图（箱形基础和地下室结构）》(08G101-5) 发行	箱形基础及地下室平法图集
2011 年 7 月	《混凝土结构施工图平面整体表示方法制图规则和构造详图（现浇混凝土框架、剪力墙、梁、板）》(11G101-1) 发行	
2011 年 7 月	《混凝土结构施工图平面整体表示方法制图规则和构造详图（现浇混凝土板式楼梯）》(11G101-2) 发行	
2011 年 7 月	《混凝土结构施工图平面整体表示方法制图规则和构造详图（独立基础、条形基础、筏形基础及桩基承台）》(11G101-3) 发行	
2016 年 8 月	《混凝土结构施工图平面整体表示方法制图规则和构造详图（现浇混凝土框架、剪力墙、梁、板）》(16G101-1) 发行	
2016 年 8 月	《混凝土结构施工图平面整体表示方法制图规则和构造详图（现浇混凝土板式楼梯）》(16G101-2) 发行	
2016 年 8 月	《混凝土结构施工图平面整体表示方法制图规则和构造详图（独立基础、条形基础、筏形基础、桩基础）》(16G101-3) 发行	

1.2.4　G101平法图集的学习

1. G101平法图集的构成

每册G101平法图集均由"平法制图规则"和"标准构造详图"两部分组成。

平法制图规则,对于设计人员而言,是绘制平法施工图的制图规则;对于使用平法施工图的人员,则是阅读平法施工图的语言。

标准构造详图,其主要作为钢筋算量的计算规则和依据。

2. G101平法图集的学习内容

G101平法图集主要通过学习制图规则来识图,通过学习构造详图来了解钢筋的构造及计算。制图规则的学习,可以归纳为以下三个内容:

(1) 平法表达方式,指该构件按平法制图的表达方式,比如独立基础的平面注写和截面注写。

(2) 数据项,指该构件要标注的数据项,比如编号、配筋等。

(3) 数据标注方式,指数据项的标注方式,比如集中标注和原位标注。

3. G101平法图集的学习方法

(1) 知识归纳。

① 以基础构件或主体构件为基础,围绕钢筋,对各构件平法表达方式、数据项、数据注写方式等进行归纳。

② 对同一构件的不同种类钢筋进行整理。

(2) 重点比较。

① 同类构件中,对楼层与屋面、地下与地上等的重点比较。

② 不同类构件但同类钢筋的重点比较。

1.3　钢筋平法通用知识

1.3.1　基础结构与上部结构的分界

工程实际中,经常提到基础结构部分和主体或上部结构部分,那它们之间的分界位置到底在哪里呢? 如果有了具体的规定,就可以把分界位置以上的设计图纸视为上部结构的柱、剪力墙、梁和板等构件的平法施工图,分界位置以下的设计图纸视为基础结构或下部结构的平法施工图。

基础结构或地下结构与上部结构的分界,通常就是上部结构的嵌固部位。为方便设计和施工,采用统一的标准,《钢筋混凝土结构平法设计与施工规则》做出了如下规定。

（1）当基础埋深较浅，且建筑首层地面上至基础之间未设置双向地下框架梁时，上部结构与基础结构的分界取在基础顶面，如图1-2所示。

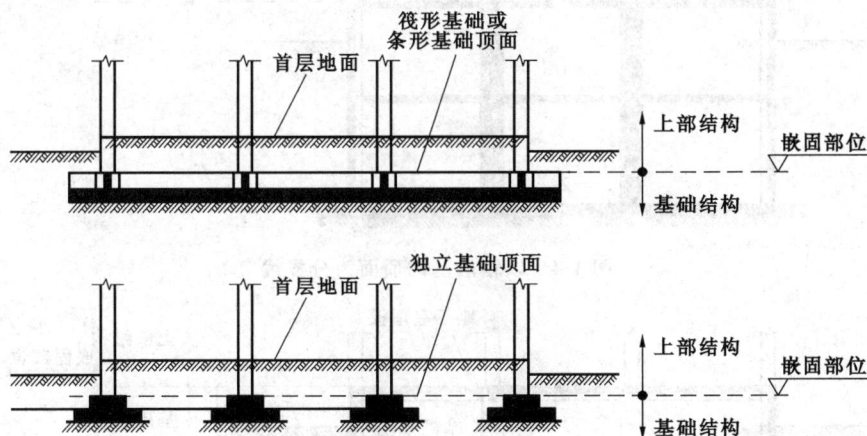

图 1-2　以基础顶面为分界线

（2）当建筑首层地面以下至基础之间设置了双向地下框架梁时，上部结构与基础结构的分界取在地下框架梁顶面，如图1-3所示。

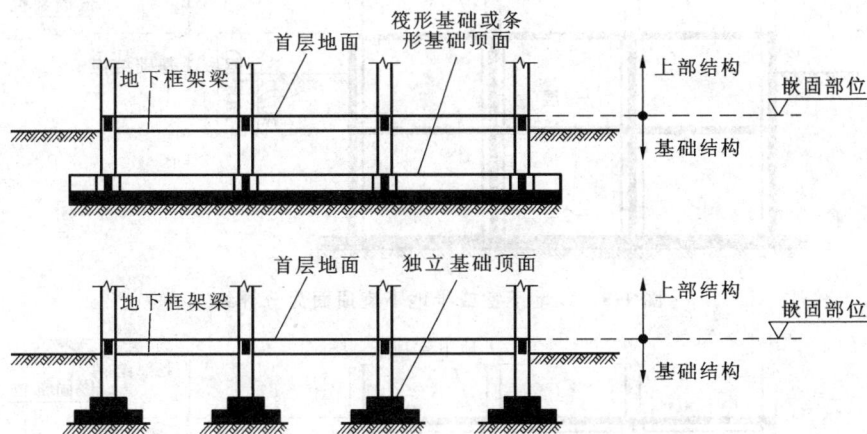

图 1-3　以地下框架梁顶面为分界线

（3）当地下结构全部为箱形基础时，上部结构与基础结构的分界取在箱形基础顶面，如图1-4所示。

（4）当地下结构为地下室或半地下室（半地下室应嵌入自然地坪以下不小于1/2层高）时，上部结构与基础结构的分界取在地下室或半地下室顶面，如图1-5所示。

（5）当地下结构为地下室加箱形基础，或为半地下室（半地下室应嵌入室外自然地坪以下不小于1/2层高）加箱形基础时，上部结构与基础结构的分界取在上部地下室或半地下室顶面，如图1-6所示。

（6）当最上层地下室嵌入室外地面小于1/2层高时，上部结构与基础结构的分界取在半地下室地板顶面，如图1-7所示。

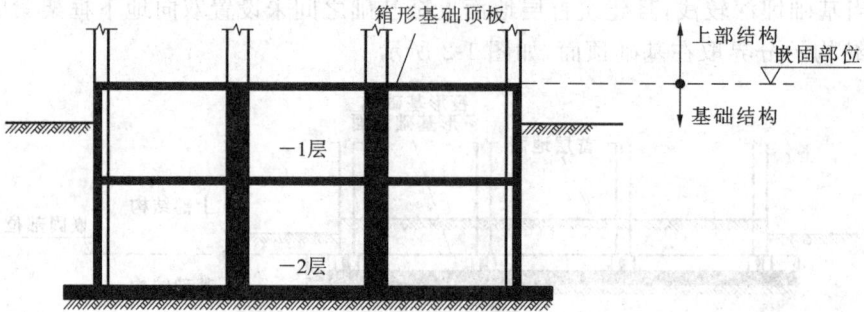

图 1-4 以箱形基础顶面为分界线

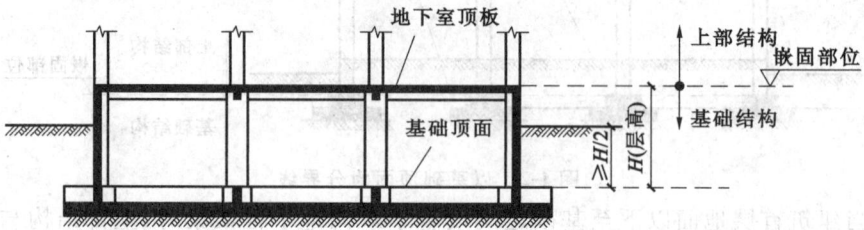

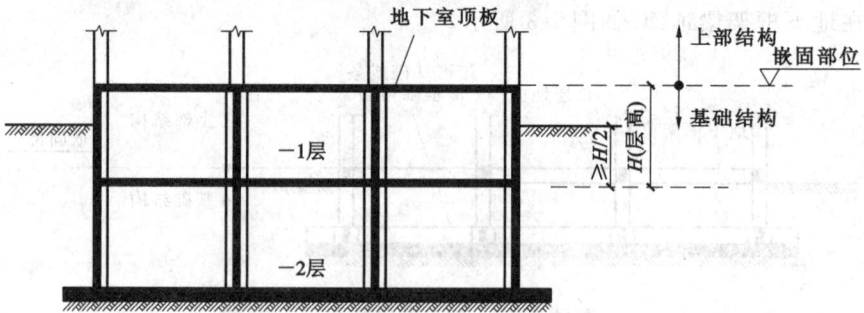

图 1-5 以地下室或半地下室顶面为分界线

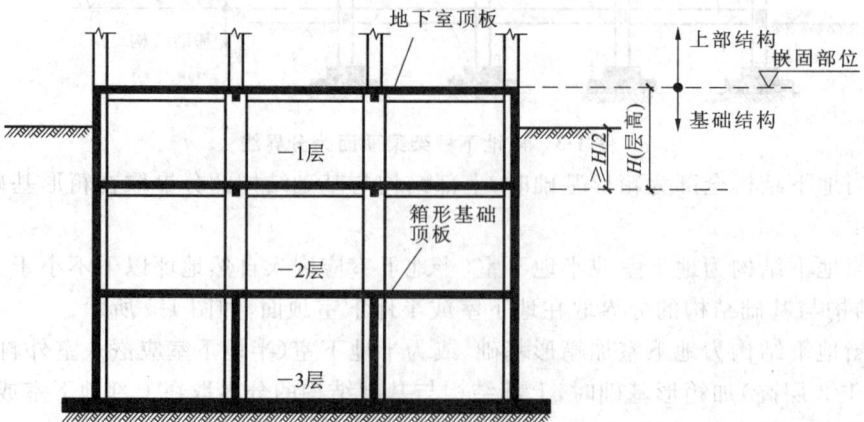

图 1-6 以上部地下室或半地下室顶面为分界线

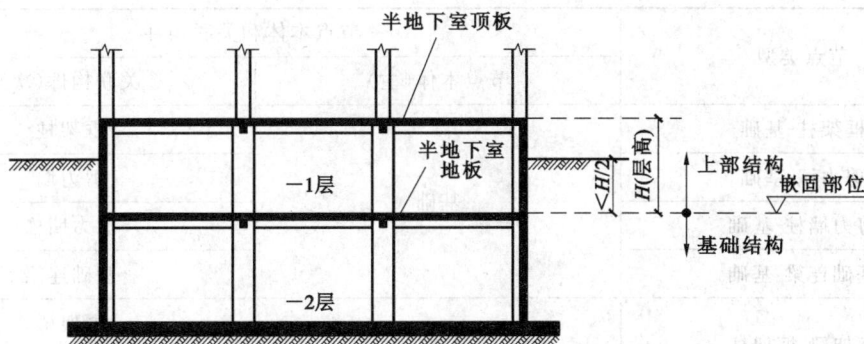

图 1-7　以半地下室地板顶面为分界线

1.3.2　节点钢筋通用构造

在现浇钢筋混凝土结构体系中,基础、柱、墙、梁、板、楼梯等各类构件都不是独立存在的,它们通过节点的连接形成一个结构整体,因此,节点在结构中起着非常关键的作用。习惯上把各种构件交汇区域的空间实体部分称为节点。

混凝土作为一个完整的系统,其层次性体现于基础为柱的支撑体系,柱为梁的支撑体系,梁为板的支撑体系,板为自身支撑体系;其关联性体现于柱与基础关联,梁与柱关联,板与梁关联。因此,基础应在其支撑柱的位置保持连续,柱应在其支撑梁的位置保持连续,梁应在其支撑板的位置保持关联。

因此,如果假定节点独立存在,则明显不合理;如果假定节点同时属于两类构件,将导致主次不分;而将节点本体归属两类构件其中之一,且另一类构件与其相关联,则是比较合理的概念。因此,节点具备了两类要素,即节点本体和节点关联。

一般将支撑体系的构件称为本体构件,被支撑体系的构件称为关联构件。具体应用时,将节点归属为本体构件,是本体构件的一部分,其纵向与横向钢筋(箍筋)连续贯穿节点设置;并将本节点作为关联构件的端部,其纵筋主要完成在节点本体内的锚固或贯穿,横向钢筋则躲开节点布置;当节点本体位于端部时,节点本体的纵向钢筋应在构件端部具有可靠封闭。这就是"主不管从,连续通过;从须就主,平行躲开,其余或锚或贯"。

对于等跨等高井字梁,井字梁与井字梁之间相互依托,在此构件交汇的节点,纵向钢筋均连续通过该节点,但横向钢筋在节点内:宽或高的构件,其横向钢筋连续通过节点;而窄或低的构件,其横向钢筋在节点内不连续或不通过节点;若构件宽度或高度相同,则任选其一横向钢筋连续通过节点或由设计指定。

常用的节点分类表见表 1-4。

表 1-4 常用的节点分类表

节点类型	节点本体和关联构件	
	节点本体(主)	关联构件(次)
框架柱-基础	基础	框架柱
剪力墙-基础		剪力墙
剪力墙柱-基础		剪力墙柱
基础连梁-基础		基础连梁
框架梁-框架柱	框架柱	框架梁
		屋面框架梁
板-柱	柱	无梁楼盖板
		屋面无梁楼盖板
剪力墙连梁-剪力墙(平面内)	剪力墙	剪力墙连梁
板-剪力墙(平面外)		楼面板
		屋面板
梁-剪力墙(平面外)		楼面梁
		屋面梁
基础次梁-基础主梁	基础主梁	基础次梁
次梁-主梁	主梁(框架或非框架梁)	次梁
长跨井字梁-短跨井字梁	短跨井字梁	长跨井字梁
边梁-悬挑梁	悬挑梁	边梁
悬挑梁-悬挑梁	主悬挑梁	次悬挑梁
基础底板-基础梁	基础梁(主梁或次梁)	基础底板
板-梁	梁(框架梁或非框架梁)	板

节点构造说明如下。

(1) 本体构件在节点处:纵向与横向钢筋(箍筋)应连续贯穿节点设置,而当节点本体位于端部时,节点本体的纵向钢筋应在构件端部具有可靠封闭。

(2) 关联构件将节点作为端部,其垂直于节点的纵筋主要完成在节点内的锚固或贯穿,与节点平行的纵筋则躲开节点钢筋间距的 1/2,横向钢筋则躲开节点 50 mm 布置。

1.3.3 混凝土结构的环境类别

混凝土结构的环境类别(表 1-5)划分主要适用于混凝土结构的正常使用状态验算和耐久性规定。

表 1-5　　　　　　　　　　　　　　　混凝土结构的环境类别

环境类别	条件
一	室内干燥环境； 无侵蚀性静水浸没环境
二 a	室内潮湿环境； 非严寒和非寒冷地区的露天环境； 非严寒和非寒冷地区与无侵蚀性的水或土壤直接接触的环境； 严寒和寒冷地区的冰冻线以下与无侵蚀性的水或土壤直接接触的环境
二 b	干湿交替环境； 水位频繁变动环境； 严寒和寒冷地区的露天环境； 严寒和寒冷地区冰冻线以上与无侵蚀性的水或土壤直接接触的环境
三 a	严寒和寒冷地区冬季水位变动区环境； 受除冰盐影响环境； 海风环境
三 b	盐渍环境； 受除冰盐作用环境； 海岸环境
四	海水环境
五	受人为或自然的侵蚀性物质影响的环境

注：1.室内潮湿环境是指构件表面经常处于结露或湿润状态的环境。
　　2.严寒和寒冷地区的划分应符合《民用建筑热工设计规范》(GB 50176—2016)的有关规定。
　　3.海岸环境和海风环境宜根据当地情况,考虑主导风向及结构所处迎风、背风部位等因素的影响,由调查研究和工程经验确定。
　　4.受除冰盐影响环境是指受到除冰盐雾影响的环境,受除冰盐作用环境是指被除冰盐溶液溅射的环境以及使用除冰盐地区的洗车房、停车楼等建筑。
　　5.露天环境是指混凝土结构表面所处的环境。

1.3.4　混凝土保护层

混凝土结构中,钢筋并不外露而是被包裹在混凝土里面。由钢筋外边缘到混凝土表面的最小距离称为保护层厚度。保护层厚度的规定是为了满足结构构件的耐久性要求和对受力钢筋有效锚固的要求。混凝土保护层的作用主要体现在如下方面。

(1)钢筋与混凝土之间的黏结锚固。

混凝土结构中钢筋能够受力是由于其与周围混凝土之间的黏结锚固作用。受力钢筋与混凝土之间的咬合作用是构成黏结锚固的主要成分,这很大程度上取决于混凝土保护层的厚度,混凝土保护层越厚,则黏结锚固作用越大。

(2)保护钢筋免遭锈蚀。

混凝土结构的突出优点是耐久性好。这是由于混凝土的碱性环境使包裹在其中的钢筋表面形成钝化膜而不易锈蚀。但是,碳化和脱钝会影响这种耐久性而使钢筋遭受锈蚀。碳化的时间与混凝土的保护层厚度有关,因此一定的混凝土保护层厚度是保证结构耐久性的必要条件。

(3) 对构件受力有效高度的影响。

从锚固和耐久性的角度,钢筋在混凝土中的保护层厚度应该越大越好;然而,从受力的角度来讲,则正好相反。保护层厚度越大,构件截面有效高度越小,结构构件的抗力将受到削弱。因此,确定混凝土保护层厚度应综合考虑锚固、耐久性及有效高度三个因素。在能保证锚固和耐久性的条件下,可尽量取较小的保护层厚度。

(4) 保护钢筋不应受高温(火灾)影响。

保护层具有一定的厚度,可以使建筑物的结构在高温条件下或遇有火灾时,保护钢筋不因受到高温影响,使结构急剧丧失承载力而倒塌。因此,保护层的厚度与建筑物的耐火性有关。混凝土和钢筋均属于非燃烧体,以砂、石为骨料的混凝土一般可耐高温 700 ℃。钢筋混凝土结构不能直接接触明火火源,应避免高温辐射。由于施工原因造成保护层厚度过小,一旦建筑物发生火灾,会对建筑物耐火等级或耐火极限造成影响,这些因素在设计时均应考虑。在实际工程中,混凝土保护层的最小厚度应满足表 1-6 所列数值。

表 1-6　　　　混凝土保护层的最小厚度　　　　(单位:mm)

环境类别	板、墙		梁、柱		基础梁(顶面和侧面)		独立基础、条形基础、筏形基础(顶面和侧面)	
	≤C25	≥C30	≤C25	≥C30	≤C25	≥C30	≤C25	≥C30
一	20	15	25	20	25	20	—	—
二 a	25	20	30	25	30	25	25	20
二 b	30	25	40	35	40	35	30	25
三 a	35	30	45	40	45	40	35	30
三 b	45	40	55	50	55	50	45	40

注:1. 表中混凝土保护层厚度是指最外层钢筋外边缘至混凝土表面的距离,适用于设计年限为 50 年的混凝土结构。
2. 构件中受力钢筋的保护层厚度不应小于钢筋的公称直径 d。
3. 一类环境中,设计使用年限为 100 年的结构最外层钢筋的保护层厚度不应小于表中数值的 1.4 倍;二、三类环境中,设计使用年限为 100 年的结构应采取专门的有效措施。
4. 钢筋混凝土基础宜设置混凝土垫层,基础底部钢筋的混凝土保护层厚度应从垫层顶面算起,且不应小于 40 mm;无垫层时,不应小于 70 mm。
5. 桩基承台梁:承台底面钢筋的混凝土保护层厚度,当有混凝土垫层时,不应小于 50 mm;无垫层时不应小于 70 mm;此外,尚不应小于桩头嵌入承台内的长度。

1.3.5　锚固长度

钢筋锚固长度(l_a、l_{aE})是指钢筋伸入支座内的长度。

受拉钢筋的锚固长度应根据具体锚固条件按下列公式计算,且不应小于 200 mm:

$$l_a = \zeta_a l_{ab}$$

抗震锚固长度的计算公式为：

$$l_{aE} = \zeta_{aE} l_a$$

式中　l_a——受拉钢筋的锚固长度。

　　　　l_{aE}——纵向受拉钢筋的抗震锚固长度。

　　　　l_{ab}——受拉钢筋基本锚固长度。

　　　　ζ_a——锚固长度修正系数,按表 1-7 的规定取用,当多于一项时,可按连乘计算,但不应小于 0.6;对预应力筋,可取 1.0。

　　　　ζ_{aE}——抗震锚固长度修正系数,对一、二类抗震等级取 1.15,对三级抗震取 1.05,对四级抗震取 1.00。

表 1-7　　　　　　　　　　　受拉钢筋锚固长度修正系数 ζ_a

锚固条件		ζ_a
带肋钢筋的公称直径大于 25 mm		1.10
环氧树脂涂层带肋钢筋		1.25
施工过程中易受扰动的钢筋		1.10
锚固区保护层厚度	$3d$	0.80
	$5d$	0.70

注:d 为锚固钢筋直径。

为了方便施工人员使用,16G101 系列图集中将所有的锚固长度根据混凝土结构中常用的钢筋和各级混凝土强度等级组合,将受拉钢筋锚固长度值表示为钢筋直径的整数倍形式,具体取值见表 1-8～表 1-11。

表 1-8　　　　　　　　　　　　受拉钢筋锚固长度 l_a

钢筋种类		HPB300	HRB335	HRB400、HRBF400、RRB400	HRB500、HRBF500
混凝土强度等级	C20 $d \leqslant 25$ mm	39d	38d	—	—
	C25 $d \leqslant 25$ mm	34d	33d	40d	48d
	C25 $d > 25$ mm	—	—	44d	53d
	C30 $d \leqslant 25$ mm	30d	29d	35d	43d
	C30 $d > 25$ mm	—	—	39d	47d
	C35 $d \leqslant 25$ mm	28d	27d	32d	39d
	C35 $d > 25$ mm	—	—	35d	43d
	C40 $d \leqslant 25$ mm	25d	25d	29d	36d
	C40 $d > 25$ mm	—	—	32d	40d

钢筋种类		HPB300	HRB335	HRB400、HRBF400、RRB400	HRB500、HRBF500
混凝土强度等级	C45 $d \leqslant 25$ mm	24d	23d	28d	34d
	C45 $d > 25$ mm	—	—	31d	37d
	C50 $d \leqslant 25$ mm	23d	22d	27d	32d
	C50 $d > 25$ mm	—	—	30d	35d
	C55 $d \leqslant 25$ mm	22d	21d	26d	31d
	C55 $d > 25$ mm	—	—	29d	34d
	C60 $d \leqslant 25$ mm	21d	21d	25d	30d
	C60 $d > 25$ mm	—	—	28d	33d

表 1-9　　　　　　　　　　　　受拉钢筋抗震锚固长度 l_{aE}

钢筋种类		HPB300		HRB335		HRB400、HRBF400、RRB400		HRB500、HRBF500	
		一、二级	三级	一、二级	三级	一、二级	三级	一、二级	三级
混凝土强度等级	C20 $d \leqslant 25$ mm	45d	41d	44d	40d	—	—	—	—
	C25 $d \leqslant 25$ mm	39d	36d	38d	35d	46d	42d	55d	50d
	C25 $d > 25$ mm	—	—	—	—	51d	46d	61d	56d
	C30 $d \leqslant 25$ mm	35d	32d	33d	30d	40d	37d	49d	45d
	C30 $d > 25$ mm	—	—	—	—	45d	41d	54d	49d
	C35 $d \leqslant 25$ mm	32d	29d	31d	28d	37d	34d	45d	41d
	C35 $d > 25$ mm	—	—	—	—	40d	37d	49d	45d
	C40 $d \leqslant 25$ mm	29d	26d	29d	26d	33d	30d	41d	38d
	C40 $d > 25$ mm	—	—	—	—	37d	34d	46d	42d
	C45 $d \leqslant 25$ mm	28d	25d	26d	24d	32d	29d	39d	36d
	C45 $d > 25$ mm	—	—	—	—	36d	33d	43d	39d
	C50 $d \leqslant 25$ mm	26d	24d	25d	23d	31d	28d	37d	34d
	C50 $d > 25$ mm	—	—	—	—	35d	32d	40d	37d
	C55 $d \leqslant 25$ mm	25d	23d	24d	22d	30d	27d	36d	33d
	C55 $d > 25$ mm	—	—	—	—	33d	30d	39d	36d

续表

钢筋种类		HPB300		HRB335		HRB400、HRBF400、RRB400		HRB500、HRBF500	
		一、二级	三级	一、二级	三级	一、二级	三级	一、二级	三级
混凝土强度等级 C60	$d \leqslant 25$ mm	$24d$	$22d$	$24d$	$22d$	$29d$	$26d$	$35d$	$32d$
	$d > 25$ mm	—	—	—	—	$32d$	$29d$	$38d$	$35d$

注：1. 当为环氧树脂涂层带肋钢筋时，表中数值尚应乘以 1.25。

　　2. 当纵向受拉钢筋在施工过程中易受扰动时，表中数据尚应乘以 1.1。

　　3. 当在锚固长度范围内纵向受力钢筋周边保护层厚度为 $3d$、$5d$（d 为锚固钢筋的直径）时，表中数据可分别乘以 0.8、0.7；中间时按内插取值。

　　4. 当纵向受拉普通钢筋锚固长度修正系数多于一项时，可按连乘计算。

　　5. 受拉钢筋的锚固长度计算值不应小于 200 mm。

　　6. 四级抗震时，$l_{aE} = l_a$。

　　7. 当锚固钢筋的保护层厚度不大于 $5d$ 时，锚固钢筋长度范围内应设置横向构造钢筋，其直径不应小于 $d/4$（d 为锚固钢筋的最大直径）；对梁、柱等构件间距不应大于 $5d$，对板、墙等构件间距不应大于 $10d$，且均不应大于 100 mm（d 为锚固钢筋的最小直径）。

表 1-10　　　　　　　　　　　　**受拉钢筋基本锚固长度 l_{ab}**

钢筋种类	混凝土强度等级								
	C20	C25	C30	C35	C40	C45	C50	C55	≥C60
HPB300	$39d$	$34d$	$30d$	$28d$	$25d$	$24d$	$23d$	$22d$	$21d$
HRB335、HRBF335	$38d$	$33d$	$29d$	$27d$	$25d$	$23d$	$22d$	$21d$	$21d$
HRB400、HRBF400、RRB400	—	$40d$	$35d$	$32d$	$29d$	$28d$	$27d$	$26d$	$25d$
HRB500、HRBF500	—	$48d$	$43d$	$39d$	$36d$	$34d$	$32d$	$31d$	$30d$

表 1-11　　　　　　　　　　　　**抗震设计受拉钢筋基本锚固长度 l_{abE}**

钢筋种类		混凝土强度等级								
		C20	C25	C30	C35	C40	C45	C50	C55	≥C60
HPB300	一、二级	$45d$	$39d$	$35d$	$32d$	$29d$	$28d$	$26d$	$25d$	$24d$
	三级	$41d$	$36d$	$32d$	$29d$	$26d$	$25d$	$24d$	$23d$	$22d$
HRB335、HRBF335	一、二级	$44d$	$38d$	$33d$	$31d$	$29d$	$26d$	$25d$	$24d$	$24d$
	三级	$40d$	$35d$	$31d$	$28d$	$26d$	$24d$	$23d$	$22d$	$22d$
HRB400、HRBF400	一、二级	—	$46d$	$40d$	$37d$	$33d$	$32d$	$31d$	$30d$	$29d$
	三级	—	$42d$	$37d$	$34d$	$30d$	$29d$	$28d$	$27d$	$26d$

续表

钢筋种类		混凝土强度等级								
		C20	C25	C30	C35	C40	C45	C50	C55	≥C60
HRB500、	一、二级	—	55d	49d	45d	41d	39d	37d	36d	35d
HRBF500	三级	—	50d	45d	41d	38d	36d	34d	33d	32d

注：1. 四级抗震时，$l_{abE}=l_{ab}$。

2. 当锚固钢筋的保护层厚度不大于 5d 时，锚固钢筋长度范围内应设置横向构造钢筋，其直径不应小于 $d/4$（d 为锚固钢筋的最大直径）；对梁、柱等构件间距不应大于 5d，对板、墙等构件间距不应大于 10d，且均不应大于 100 mm（d 为锚固钢筋的最小直径）。

1.3.6　钢筋的连接

钢筋的连接可采用绑扎搭接、机械连接和焊接连接。机械连接接头及焊接接头的类型和质量应符合现行国家标准的有关规定。

混凝土结构中受力钢筋的连接接头宜设置在受力较小处。在同一根钢筋上宜少设置接头。在结构的重要构件和关键部位，纵向受力钢筋不宜设置连接接头。纵向受力钢筋连接位置宜避开梁端、柱端箍筋加密区。如必须在此连接，则应采用机械连接或焊接连接。

1. 绑扎搭接

同一构件中相邻纵向受力钢筋的绑扎搭接接头宜互相错开。钢筋绑扎搭接接头连接区段的长度为 1.3 倍搭接长度，凡搭接接头中点位于该连接区段长度内的搭接接头均属于同一连接区段（图 1-8）。同一连接区段内纵向受力钢筋搭接接头面积百分率为该区段内有搭接接头的纵向受力钢筋截面面积与全部纵向受力钢筋截面面积的比值。当直径不同的钢筋搭接时，按直径较小的钢筋计算。

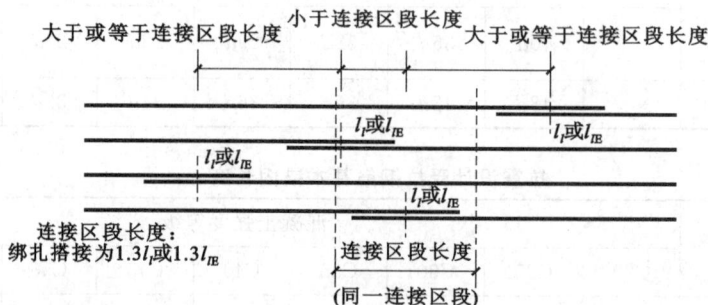

图 1-8　同一连接区段内纵向受拉钢筋的绑扎搭接接头

（注：图中所示同一连接区段内的搭接接头钢筋为两根，当钢筋直径相同时，钢筋搭接接头面积百分率为 50%。）

位于同一连接区段内的受拉钢筋搭接接头面积百分率：对梁类、板类及墙类构件，不宜大于 25%；对柱类构件，不宜大于 50%。当工程中确有必要增大受拉钢筋搭接接头面积百分率时，对梁类构件，不宜大于 50%；对板、墙、柱及预制构件的拼接处，可根据实际情况放宽。

并筋采用绑扎搭接连接时，应按每根单筋错开搭接的方式连接。其接头面积百分率应按同一连接区段内所有的单根钢筋计算。并筋中钢筋的搭接长度应按单筋分别计算。

当受拉钢筋直径大于 25 mm 及受压钢筋直径大于 28 mm 时，不宜采用绑扎搭接连接。

轴心受拉及小偏心受拉构件中纵向受力钢筋不应采用绑扎搭接连接。

2. 机械连接

纵向受力钢筋的机械连接接头宜相互错开。钢筋机械连接区段的长度为 $35d$，d 为连接钢筋的较小钢筋直径。凡接头中点位于该连接区段长度内的机械连接接头均属于同一连接区段，如图 1-9 所示。

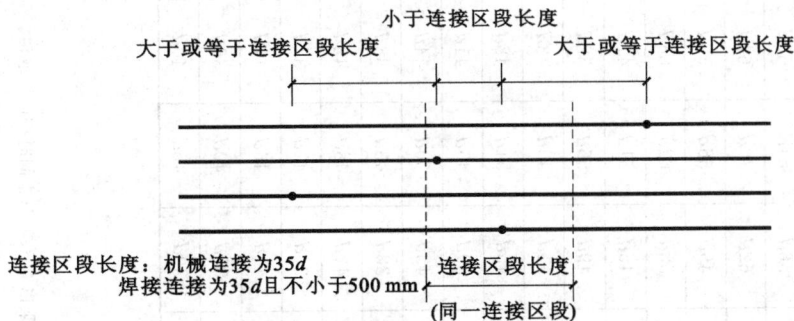

图中文字：
小于连接区段长度
大于或等于连接区段长度　　大于或等于连接区段长度
连接区段长度：机械连接为35d
焊接连接为35d且不小于500 mm
连接区段长度
（同一连接区段）

图 1-9　同一连接区段内纵向受拉钢筋机械连接、焊接接头

位于同一连接区段内的纵向受拉钢筋接头面积百分率不宜大于 50%，但对板、墙、柱及预制构件的拼接处，可根据实际情况放宽；纵向受压钢筋的接头面积百分率可不受限制。

直接承受动力荷载结构构件中的机械连接接头，除应满足设计要求的抗疲劳性能外，位于同一连接区段内的纵向受力钢筋接头面积百分率不应大于 50%。

3. 焊接连接

纵向受力钢筋焊接的连接方法有闪光对焊、电渣压力焊等，其中水平钢筋接头连接形式以闪光对焊为主；直径不小于 16 mm 的竖向钢筋连接，宜采用电渣压力焊。纵向受力钢筋的焊接接头应相互错开。钢筋焊接接头连接区段的长度为 $35d$ 且不小于 500 mm，d 为连接钢筋的较小钢筋直径。凡接头中点位于该连接区段长度内的焊接接头，均属于同一连接区段，如图 1-9 所示。

1.3.7　纵向受拉钢筋的搭接长度

轴心受拉及小偏心受拉杆件的纵向受力钢筋不得采用绑扎搭接连接；其他构件中的钢筋采用绑扎搭接连接时，受拉钢筋直径不宜大于 25 mm，受压钢筋直径不宜大于 28 mm。

纵向受拉钢筋绑扎搭接接头的搭接长度，应根据位于同一连接区段内的钢筋搭接接头面积百分率按下列公式计算，且不应小于 300 mm。

$$l_l = \zeta_l l_a$$

抗震绑扎搭接长度的计算公式为：

$$l_{lE} = \zeta_l l_{aE}$$

式中　l_l——纵向受拉钢筋的搭接长度，按表 1-12 取值。

l_{lE}——纵向受拉钢筋抗震搭接长度，按表 1-13 取值。

ζ_l——纵向抗震受拉钢筋搭接长度的修正系数，按表 1-14 取用。当纵向搭接钢筋接头面积百分率为表中的中间值时，修正系数可按内插取值。

表1-12 纵向受拉钢筋搭接长度 l_l

混凝土强度等级	钢筋种类	HPB300			HRB335			HRB400,HRBF400,RRB400			HRB500,HRBF500		
		≤25%	50%	100%	≤25%	50%	100%	≤25%	50%	100%	≤25%	50%	100%
C20	$d\leqslant25$ mm	47d	55d	62d	46d	53d	61d	—	—	—	—	—	—
C25	$d\leqslant25$ mm	41d	48d	54d	40d	46d	53d	48d	56d	64d	58d	67d	77d
	$d>25$ mm	—	—	—	—	—	—	53d	62d	70d	64d	74d	77d
C30	$d\leqslant25$ mm	36d	42d	48d	35d	41d	46d	42d	49d	56d	52d	60d	69d
	$d>25$ mm	—	—	—	—	—	—	47d	55d	62d	56d	66d	75d
C35	$d\leqslant25$ mm	34d	39d	45d	32d	38d	43d	38d	45d	51d	47d	55d	62d
	$d>25$ mm	—	—	—	—	—	—	42d	49d	56d	52d	60d	69d
C40	$d\leqslant25$ mm	30d	35d	40d	30d	35d	40d	35d	41d	46d	43d	50d	58d
	$d>25$ mm	—	—	—	—	—	—	38d	45d	51d	48d	56d	64d
C45	$d\leqslant25$ mm	29d	34d	38d	28d	32d	37d	34d	39d	45d	41d	48d	54d
	$d>25$ mm	—	—	—	—	—	—	37d	43d	50d	44d	52d	59d
C50	$d\leqslant25$ mm	28d	32d	37d	26d	31d	35d	32d	38d	43d	38d	45d	51d
	$d>25$ mm	—	—	—	—	—	—	36d	42d	48d	42d	49d	56d
C55	$d\leqslant25$ mm	26d	31d	35d	25d	29d	34d	31d	36d	42d	37d	43d	50d
	$d>25$ mm	—	—	—	—	—	—	35d	41d	46d	41d	48d	54d
C60	$d\leqslant25$ mm	25d	29d	34d	25d	29d	34d	30d	35d	40d	36d	42d	48d
	$d>25$ mm	—	—	—	—	—	—	34d	39d	45d	40d	46d	53d

注:1. 表中数值为纵向受拉钢筋绑扎搭接接头的搭接长度。

2. 两根不同直径钢筋搭接时，表中 d 取较小钢筋直径。

3. 当为环氧树脂涂层带肋钢筋时，表中数据尚应乘以1.25。

4. 当纵向受拉钢筋在施工过程中易受扰动时，表中数据尚应乘以1.1。

5. 当搭接长度范围内纵向受力钢筋周边保护层厚度为 $3d$、$5d$（d 为搭接钢筋的直径）时，表中数据可分别乘以0.8、0.7；中间时按内插值。

6. 上述修正系数多于一项时，可按连乘计算。

7. 任何情况下，搭接长度不应小于300 mm。

8. 当位于同一连接区段内的钢筋搭接接头面积百分率为表中数据中间值时，搭接长度可按内插值。

表 1-13　纵向受拉钢筋抗震搭接长度 l_{lE}

钢筋种类及同一区段内搭接钢筋面积百分率			混凝土强度等级																
			C20	C25		C30		C35		C40		C45		C50		C55		C60	
			d≤25 mm	d≤25 mm	d>25 mm	d≤25 mm	d>25 mm	d≤25 mm	d>25 mm	d≤25 mm	d>25 mm	d≤25 mm	d>25 mm	d≤25 mm	d>25 mm	d≤25 mm	d>25 mm	d≤25 mm	d>25 mm
一、二级抗震等级	HPB300	≤25%	54d	47d	—	42d	—	38d	—	35d	—	34d	—	31d	—	30d	—	29d	—
		50%	63d	55d	—	49d	—	45d	—	41d	—	39d	—	36d	—	35d	—	34d	—
	HRB335 HRBF335	≤25%	53d	46d	—	40d	—	37d	—	35d	—	31d	—	30d	—	29d	—	29d	—
		50%	62d	53d	—	46d	—	43d	—	41d	—	36d	—	35d	—	34d	—	34d	—
	HRB400 HRBF400	≤25%	—	55d	61d	48d	54d	44d	48d	40d	44d	38d	43d	37d	42d	36d	40d	35d	38d
		50%	—	64d	71d	56d	63d	52d	56d	45d	52d	45d	50d	43d	49d	42d	46d	41d	45d
	HRB500 HRBF500	≤25%	—	66d	73d	59d	65d	54d	59d	49d	55d	47d	52d	44d	48d	43d	47d	42d	46d
		50%	—	77d	85d	69d	76d	63d	69d	57d	64d	55d	60d	52d	56d	50d	55d	49d	53d
三级抗震等级	HPB300	≤25%	49d	43d	—	38d	—	35d	—	31d	—	30d	—	29d	—	28d	—	26d	—
		50%	57d	50d	—	45d	—	41d	—	36d	—	35d	—	34d	—	32d	—	31d	—
	HRB335 HRBF335	≤25%	48d	42d	—	36d	—	34d	—	31d	—	29d	—	28d	—	26d	—	26d	—
		50%	56d	49d	—	42d	—	39d	—	36d	—	34d	—	32d	—	31d	—	31d	—

续表

钢筋种类及同一区段内搭接钢筋面积百分率			混凝土强度等级															
			C20	C25		C30		C35		C40		C45		C50		C55		C60	
			d≤25 mm	d≤25 mm	d>25 mm	d≤25 mm	d>25 mm	d≤25 mm	d>25 mm	d≤25 mm	d>25 mm	d≤25 mm	d>25 mm	d≤25 mm	d>25 mm	d≤25 mm	d>25 mm	d≤25 mm	d>25 mm
三级抗震等级	HRB400 HRBF400	≤25%	—	50d	55d	44d	49d	41d	44d	36d	41d	35d	40d	34d	38d	32d	36d	31d	35d
		50%	—	59d	64d	52d	57d	48d	52d	42d	48d	41d	46d	39d	45d	38d	42d	36d	41d
	HRB500 HRBF500	≤25%	—	60d	67d	54d	59d	49d	54d	46d	50d	43d	47d	41d	44d	40d	43d	38d	42d
		50%	—	70d	78d	63d	69d	57d	63d	53d	59d	50d	55d	48d	52d	46d	50d	45d	49d

注：1. 表中数值为纵向受拉钢筋绑扎搭接接头的抗震搭接长度。

2. 两根不同直径钢筋搭接时，表中 d 取较小钢筋直径。

3. 当纵向受拉钢筋采用环氧树脂涂层带肋钢筋时，表中数据尚应乘以 1.25。

4. 当纵向受拉钢筋在施工过程中易受扰动时，表中数据尚应乘以 1.1。

5. 当搭接长度范围内纵向受力钢筋周边保护层厚度为 3d、5d（d 为搭接钢筋的直径）时，表中数据尚可分别乘以 0.8、0.7；中间时按内插取值。

6. 上述修正系数多于一项时，可按连乘计算。

7. 任何情况下，搭接长度不应小于 300 mm。

8. 四级抗震等级时，$l_{lE}=l_l$。

9. 当位于同一连接区段内的钢筋搭接接头面积百分率为 100% 时，$l_{lE}=1.6l_{aE}$。

10. 当混凝土强度等级为表中数据中间值时，搭接长度可按内插取值。

表 1-14　　　　　　　　　　　　　纵向抗震受拉钢筋搭接长度修正系数

纵向搭接钢筋接头面积百分率/%	≤25	50	100
ζ	1.2	1.4	1.6

1.4　钢筋算量基本知识

1.4.1　钢筋算量理论依据

平法钢筋计算主要依据结构施工图及与结构施工图相关的各种标准图集等,具体如下。

(1) 结构施工图。

(2) 国家建筑设计标准图集,现执行的标准有:《混凝土结构施工图平面整体表示方法制图规则和构造详图(现浇混凝土框架、剪力墙、梁、板)》(16G101-1)、《混凝土结构施工图平面整体表示方法制图规则和构造详图(现浇混凝土板式楼梯)》(16G101-2)、《混凝土结构施工图平面整体表示方法制图规则和构造详图(独立基础、条形基础、筏形基础、桩基础)》(16G101-3)。

(3) 相关结构标准图集(包括国家标准图集和地方标准图集)。

1.4.2　钢筋算量基本方法

《房屋建筑与装饰工程工程量计算规范》(GB 50854—2013)中对钢筋工程量的计算规定如表 1-15 所示。

表 1-15　　　　　　　　　　　　　　　　钢筋工程

项目编码	项目名称	项目特征	计量单位	工程量计算规则	工作内容
010515001	现浇构件钢筋	钢筋种类、规格	t	按设计图示钢筋(网)长度(面积)乘以单位理论重量计算	1. 钢筋制作、运输; 2. 钢筋安装; 3 焊接(绑扎)
010515002	预制构件钢筋				
010515003	钢筋网片				1. 钢筋网制作、运输; 2. 钢筋网安装; 3. 焊接(绑扎)
010515004	钢筋笼				1. 钢筋笼制作、运输; 2. 钢筋笼安装; 3. 焊接(绑扎)

1.4.3　钢筋算量的基本内容

钢筋算量的基本方法是"按设计长度乘以理论重量计算",钢筋算量最终结果是钢筋重量,具体计算的基本内容如下:

钢筋重量＝钢筋设计长度×钢筋根数×钢筋理论重量(密度)

钢筋设计长度＝构件内净长＋支座内锚固长度(或端部收头)

由上述两式可知,钢筋计算的核心内容是锚固(或收头)、连接和根数。这也是在实际工程中常常争执的内容。

1.4.4 钢筋预算长度与钢筋下料长度

(1)钢筋预算长度＝钢筋外包尺寸总和。

钢筋外包尺寸是指结构施工图中所标注的钢筋尺寸,它是钢筋加工后的外轮廓尺寸,如图 1-10 所示。

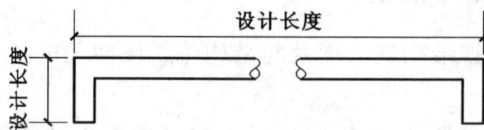

图 1-10 钢筋预算长度

(2)钢筋下料长度＝钢筋轴线尺寸总和。

钢筋下料长度是指需要加工出具体形状的钢筋所需要下料的钢筋直线长度,如图 1-11 所示。

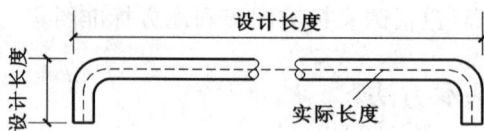

图 1-11 钢筋下料长度

(3)钢筋预算与钢筋下料的区别。

钢筋弯曲后的预算长度要大于钢筋的下料长度,两者的差值就是钢筋下料的"量度差"。

钢筋下料有三个关键因素:可操作性,规范化,优化下料。钢筋预算最主要的一个因素就是计算准确。这是钢筋预算和钢筋下料最本质的区别。

2 独立基础

2.1 识读独立基础平法施工图

2.1.1 独立基础平法识图知识体系

1. 独立基础的概念和分类

当建筑物上部结构采用框架结构或单层排架结构承重时,基础常采用圆柱形或多边形等形式,这类基础称为独立基础,也称为单独基础。

如表 2-1 所示,独立基础根据柱与独立基础的连接施工方式的不同,可分为普通独立基础(柱和基础整体浇筑在一起,适用于普通框架结构)和杯口独立基础(柱为预制柱,基础做成杯口形,将柱子插入杯口内,适用于排架结构);根据基础底板截面形式的不同,独立基础可分为阶形和坡形两种。

表 2-1 独立基础分类

	类型	截面形式	示意图	代号	接柱多少
独立基础	普通独立基础	阶形	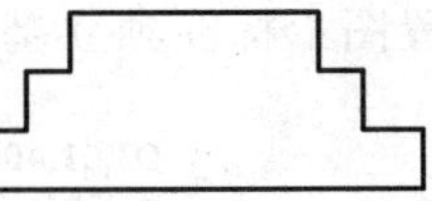	DJ_J	单柱、多柱
		坡形	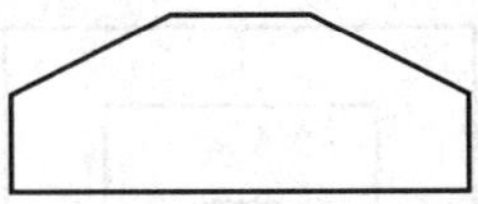	DJ_P	
	杯口独立基础	阶形	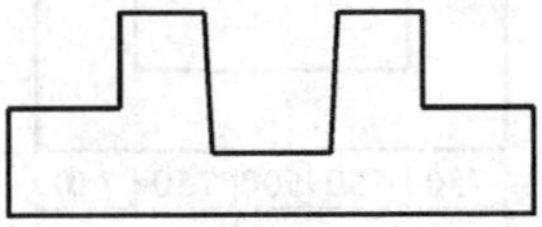	BJ_J	单杯口、多杯口
		坡形	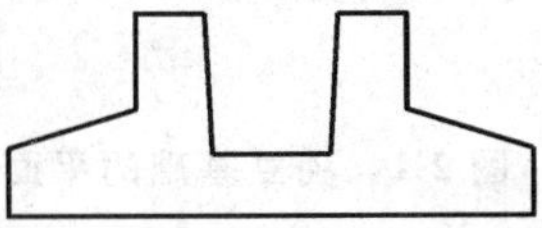	BJ_P	

普通独立基础又有单柱和多柱之分,再细化来分,又可分为一般型、设基础梁的类筏型

25

和深基短柱型三种类型。它们共同的配筋特点是都配有基础底板的双向网状钢筋,区别是:普通单柱基础只配有底部钢筋(B);普通多柱基础除配有底部钢筋外,还可能配有顶部双向网状钢筋(T);设基础梁的多柱基础除满足普通多柱基础的要求外,同时配有基础梁钢筋(JL);深基短柱基础除满足独立基础一般要求外,还配有短柱钢筋(DZ)。

杯口独立基础有单杯口和多杯口之分,同时又分为一般杯口和高杯口两种形式,它们共同的配筋特点是:由于上柱和基础采用装配式,不需要考虑基础插筋;同普通独立基础一样,都配有基础底板的底部双向网状配筋(B);每个杯口顶部还配有焊接钢筋网(Sn)。其区别是:高杯口侧壁外侧和短柱配有钢筋(O);多柱独立基础底板可能还有顶板配筋(T)。

2.独立基础平法施工图的表示方法

独立基础平法施工图有平面注写与截面注写两种表达方式,设计者可根据具体工程情况选择一种,或两种方式相结合进行独立基础的施工图设计。

当绘制独立基础平面布置图时,应将独立基础平面与基础所支承的柱一起绘制。当设置基础连系梁时,可根据图面的疏密情况,将基础连系梁与基础平面布置图一起绘制,或将基础连系梁布置图单独绘制。

在独立基础平面布置图上应标注基础定位尺寸;当独立基础的柱中心线或杯口中心线与建筑轴线不重合时,应标注其定位尺寸。编号相同且定位尺寸相同的基础,可仅选择一个进行标注。

3.独立基础的平面注写方式

独立基础的平面注写方式可分为集中标注和原位标注两部分内容,如图 2-1 所示。

集中标注是在基础平面布置图上集中引注基础编号、竖向截面尺寸、配筋三项必注内容,以及基础底面标高(与基础底面基准标高不同时)和必要的文字注解两项选注内容。

原位标注是在基础平面布置图上标注独立基础的平面尺寸。

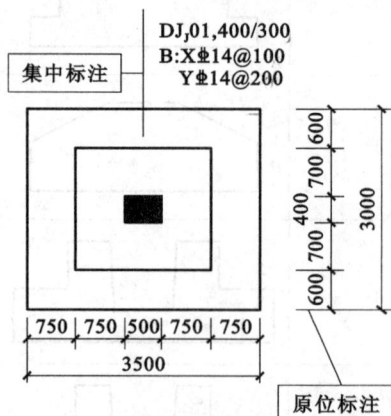

图 2-1　独立基础的平面注写方式

4.普通独立基础知识体系

普通独立基础平法识图知识体系如图 2-2 所示。

```
                              ┌ 平面注写方式
                   ┌ 平法表达方式 ┤
                   │          └ 截面注写方式
                   │          ┌ 编号
                   │          │ 截面尺寸
                   │ 数据项 ───┤ 配筋
                   │          │ 标高(选注)
                   │          └ 必要的文字注解(选注)
 独立基础知识体系 ──┤
                   │                                ┌ 编号
                   │                                │ 截面竖向尺寸
                   │                       ┌ 集中标注 ┤ 配筋
                   │                       │        │ 标高(选注)
                   │ 数据注写方式(平面注写方式)┤        └ 必要的文字注解(选注)
                   └                       │        ┌ 截面平面尺寸
                                           └ 原位标注 ┤
                                                    └ 多柱独立基础的基础梁配筋图
```

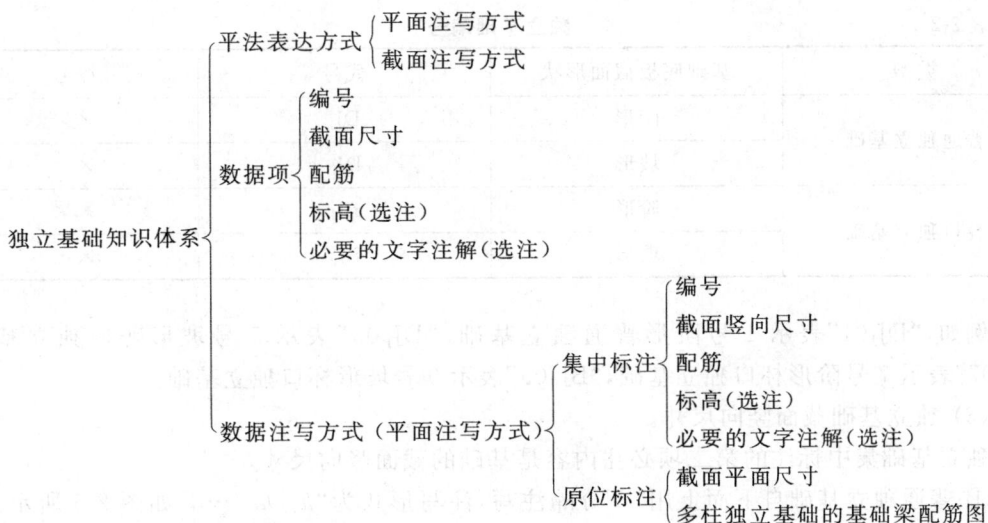

图 2-2 普通独立基础平法识图知识体系

2.1.2 独立基础钢筋平法识图

1.集中标注

素混凝土普通独立基础的集中标注,除无基础配筋内容外,其余均与钢筋混凝土普通独立基础相同。

(1)集中标注内容。普通独立基础集中标注包括基础编号、截面竖向尺寸、配筋三项必注内容,如图 2-3 所示。

(2)基础编号。

独立基础集中标注的第一项必注值是基础编号,由"代号"和"序号"两项组成,如图 2-4所示。其具体的表示方法见表 2-2。

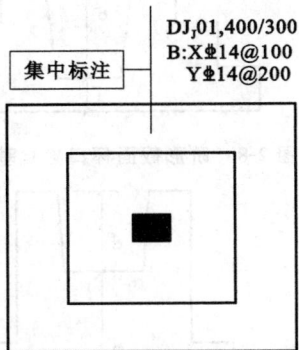

DJ,01,400/300
B:X⌀14@100
Y⌀14@200

集中标注

图 2-3 普通独立基础集中标注内容

DJ,01,400/300
B:X⌀14@100
Y⌀14@200

图 2-4 独立基础的基础编号

表 2-2   独立基础编号

类型	基础底板截面形状	代号	序号
普通独立基础	阶形	DJ$_J$	××
	坡形	DJ$_P$	××
杯口独立基础	阶形	BJ$_J$	××
	坡形	BJ$_P$	××

例如,"DJ$_J$01"表示 1 号阶形普通独立基础,"DJ$_P$05"表示 5 号坡形普通独立基础,"BJ$_J$07"表示 7 号阶形杯口独立基础,"BJ$_P$09"表示 9 号坡形杯口独立基础。

(3)独立基础截面竖向尺寸。

独立基础集中标注的第二项必注内容是基础的截面竖向尺寸。

① 普通独立基础自下而上用"/"分隔注写,注写形式为"$h_1/h_2/\cdots$",如图 2-5 所示。当基础为单阶时,其竖向尺寸仅为一个,即基础总高度,如图 2-6 所示。当基础为坡形截面时,注写为"h_1/h_2",如图 2-7 所示。

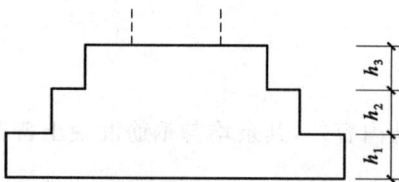

图 2-5　阶形截面普通独立基础竖向尺寸　　**图 2-6　单阶普通独立基础竖向尺寸**

② 对于杯口独立基础,当基础为阶形截面时,其竖向尺寸分两组标注,一组表达杯口内,另一组表达杯口外,两组尺寸以","分隔,注写为"$\alpha_0/\alpha_1,h_1/h_2/\cdots$",如图 2-8~图 2-11 所示。其中,杯口深度 α_0 为柱插入杯口的尺寸加 50 mm。

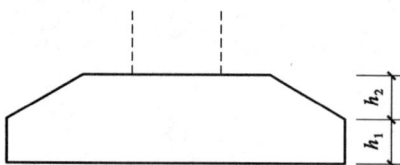

图 2-7　坡形截面普通独立基础竖向尺寸　　**图 2-8　阶形截面杯口独立基础竖向尺寸(一)**

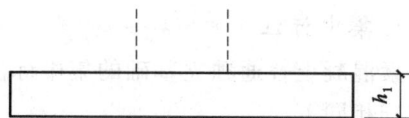

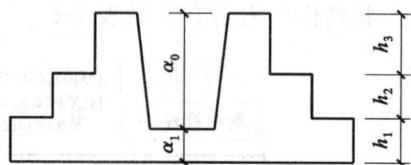

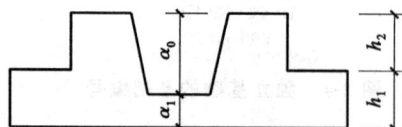

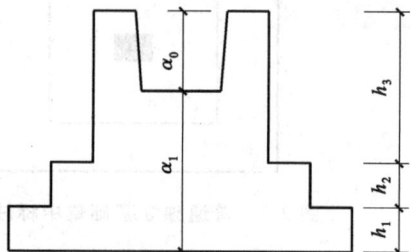

图 2-9　阶形截面杯口独立基础竖向尺寸(二)　　**图 2-10　阶形截面高杯口独立基础竖向尺寸(一)**

当基础为坡形截面时,注写为"$\alpha_0/\alpha_1,h_1/h_2/\cdots$",如图 2-12、图 2-13 所示。

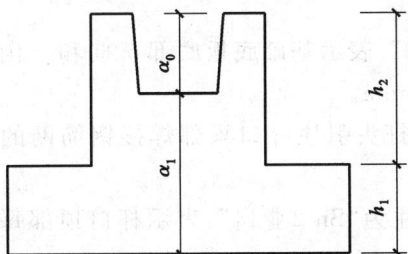

图 2-11　阶形截面高杯口独立基础竖向尺寸(二)　　图 2-12　坡形截面杯口独立基础竖向尺寸

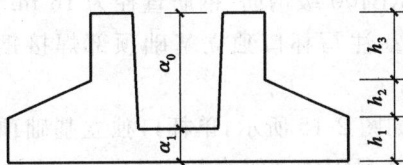

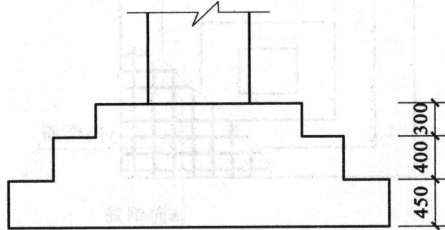

如图 2-14 所示,"$\mathrm{DJ_J}01,450/400/300$"表示本基础的竖向尺寸 $h_1=450$ mm,$h_2=400$ mm,$h_3=300$ mm,基础底板的总厚度 $h_j=h_1+h_2+h_3=450+400+300=1150(\mathrm{mm})$。

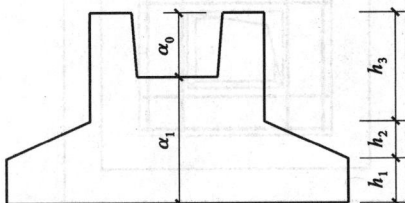

图 2-13　坡形截面高杯口独立基础竖向尺寸　　图 2-14　阶形截面普通独立基础竖向尺寸

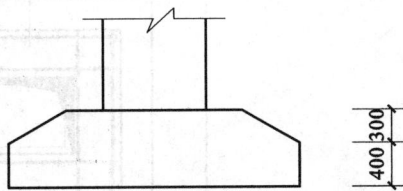

如图 2-15 所示,"$\mathrm{DJ_J}02,450$"表示本基础的竖向尺寸 $h_1=450$ mm,基础底板的总厚度 $h_j=h_1=450$ mm。

如图 2-16 所示,"$\mathrm{DJ_P}03,400/300$"表示本基础的竖向尺寸 $h_1=400$ mm,$h_2=300$ mm,基础底板的总厚度 $h_j=h_1+h_2=400+300=700(\mathrm{mm})$。

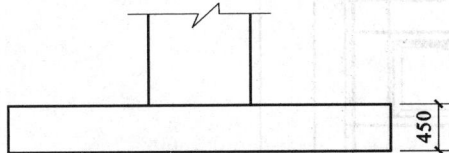

图 2-15　单阶普通独立基础竖向尺寸　　图 2-16　坡形截面普通独立基础竖向尺寸

（4）独立基础配筋。

独立基础集中标注的第三项为配筋,也为必注值。

① 注写独立基础底板配筋。普通独立基础和杯口独立基础的底部双向配筋注写规定如下:

a. 以 B 代表各种独立基础底板的底部配筋。

b. x 向配筋以"X"打头注写,y 向配筋以"Y"打头注写;当两向配筋相同时,以"X&Y"打头注写。

如图 2-17 所示,当独立基础底板配筋标注为"B:XΦ16@150,YΦ16@200",表示基础底板底部配置 HRB400 级钢筋,x 向钢筋直径为 16 mm,间距为 150 mm;y 向钢筋直径为 16 mm,间距为 200 mm。

当独立基础底板配筋标注为"B:X&Y Φ16@150",表示基础底板底部 x 向和 y 向均配置 HRB400 级钢筋,钢筋直径为 16 mm,间距为 150 mm。

② 注写杯口独立基础顶部焊接钢筋网,以 Sn 打头引注杯口顶部焊接钢筋网的各边钢筋。

如图 2-18 所示,单杯口独立基础顶部钢筋网标注为"Sn 2Φ14",表示杯口顶部每边配置 2 根 HRB400 级直径为 14 mm 的焊接钢筋网。

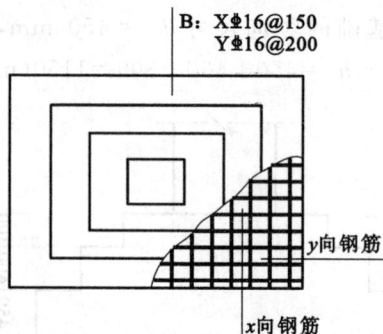

图 2-17　独立基础底板底部双向配筋示意图　　　图 2-18　单杯口独立基础顶部焊接钢筋网示意图

如图 2-19 所示,双杯口独立基础顶部钢筋网标注为"Sn 2Φ16",表示杯口每边和双杯口中间杯壁的顶部均配置 2 根 HRB400 级直径为 16 mm 的焊接钢筋网。

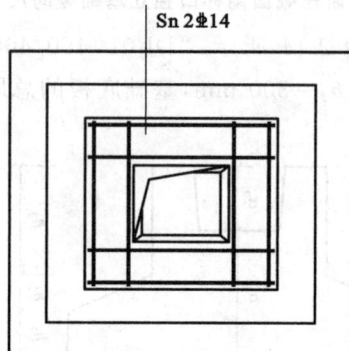

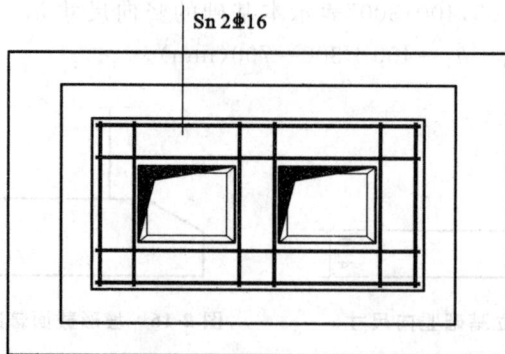

图 2-19　双杯口独立基础顶部焊接钢筋网示意图

注:当双杯口独立基础中间杯壁厚度小于 400 mm 时,在中间杯壁中配置构造钢筋(见相应标准构造详图),设计不注。

③ 注写高杯口独立基础的短柱配筋(也适用于杯口独立基础杯壁有配筋的情况),具体注写规定如下:

a. 以 O 代表短柱配筋。

b. 先注写短柱纵筋,再注写箍筋,注写为"角筋/长边中部筋/短边中部筋,箍筋"(两种间距);当短柱水平截面为正方形时,注写为"角筋/x边中部筋/y边中部筋,箍筋"(两种间距,短柱杯口壁内箍筋间距/短柱其他部位箍筋间距)。

如图 2-20 所示,高杯口独立基础的短柱配筋标注为"O:4 Φ 20/Φ 16@220/Φ 16@200,ϕ 10@150/300",表示高杯口独立基础的短柱配置 HRB400 级竖向纵筋和 HPB300 级箍筋。其竖向纵筋为 4 Φ 20 角筋、Φ 16@220 长边中部筋和 Φ 16@200 短边中部筋;其箍筋直径为 10 mm,短柱杯口壁内间距为 150 mm,短柱其他部位间距为 300 mm。

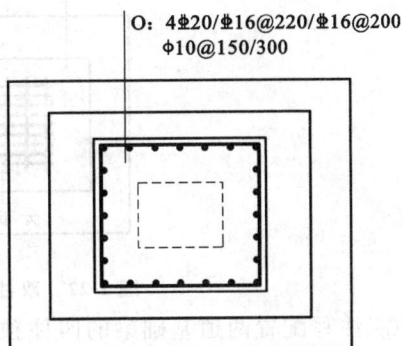

c. 对于双高杯口独立基础的短柱配筋,注写形式与高杯口相同。

注:当双高杯口独立基础中间杯壁厚度小于 400 mm 时,在中间杯壁中配置构造钢筋(见相应标准构造详图),设计不注。

O: 4Φ20/Φ16@220/Φ16@200
ϕ10@150/300

图 2-20　高杯口独立基础短柱配筋示意图

④ 注写普通独立基础带短柱竖向尺寸及钢筋。当独立基础埋深较大,设置短柱时,短柱配筋应注写在独立基础中,具体注写规定如下。

a. 以 DZ 代表普通独立基础短柱。

b. 先注写短柱纵筋,再注写箍筋,最后注写短柱标高范围,注写为"角筋/长边中部筋/短边中部筋,箍筋,短柱标高范围";当短柱水平截面为正方形时,注写为"角筋/x边中部筋/y边中部筋,箍筋,短柱标高范围"。

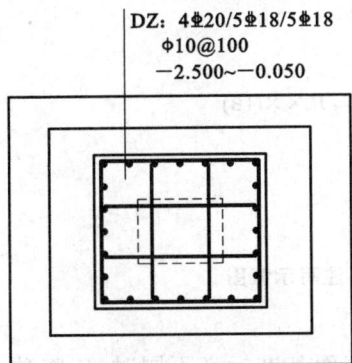

DZ: 4Φ20/5Φ18/5Φ18
ϕ10@100
−2.500~−0.050

图 2-21　独立基础短柱配筋示意图

如图 2-21 所示,短柱配筋标注为"DZ:4 Φ 20/5 Φ 18/5 Φ 18,ϕ 10@100,−2.500~−0.050",表示独立基础的短柱标高设置在−2.500~−0.050 m 高度范围内,配置 HRB400 级竖向纵筋及 HPB300 级箍筋。其竖向纵筋为 4 Φ 20 角筋、5 Φ 18 x 边中部筋和 5 Φ 18 y 边中部筋;其箍筋直径为 10 mm,间距为 100 mm。

⑤ 注写双柱独立基础底板顶部配筋。双柱独立基础的顶部配筋,通常对称分布在双柱中心线两侧,以大写字母"T"代表,注写为"双柱间纵向受力钢筋/分布钢筋"。当纵向受力钢筋在基础底板顶面非满布时,应注明其总根数。

如图 2-22 所示,双柱独立基础底板顶部配筋标注为"T:9 Φ 18@100/ϕ 10@200",表示独立基础顶部配置纵向受力钢筋 HRB400 级,直径为 18 mm,总根数为 9 根,间距为 100 mm;分布筋 HPB300 级,直径为 10 mm,间距为 200 mm。

⑥ 注写双柱独立基础的基础梁配筋。当双柱独立基础为基础底板与基础梁相结合时,注写基础梁的编号、几何尺寸和配筋。

基础梁的注写规定与条形基础的基础梁注写规定相同,详见第 3 章相关内容。

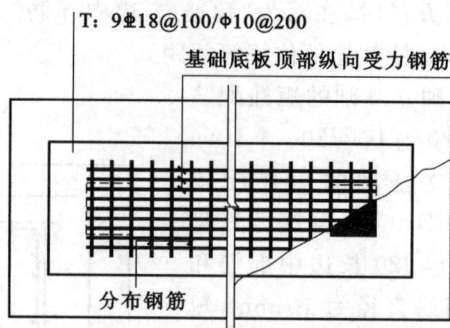

图 2-22 双柱独立基础底板顶部配筋示意图

⑦ 注写配置两道基础梁的四柱独立基础底板顶部配筋。当四柱独立基础已设置两道平行梁时,根据内力需要可在双梁之间及梁的长度范围内配置基础顶部钢筋,注写为"梁间受力钢筋/分布钢筋"。

如图 2-23 所示,四柱独立基础底板顶部基础梁间配筋注写为"T:Φ16@120/Φ10@200",表示在四柱独立基础顶部两道基础梁之间配置受力钢筋 HRB400 级,直径为 16 mm,间距为 120 mm;分布筋 HPB300 级,直径为 10 mm,分布间距为 200 mm。

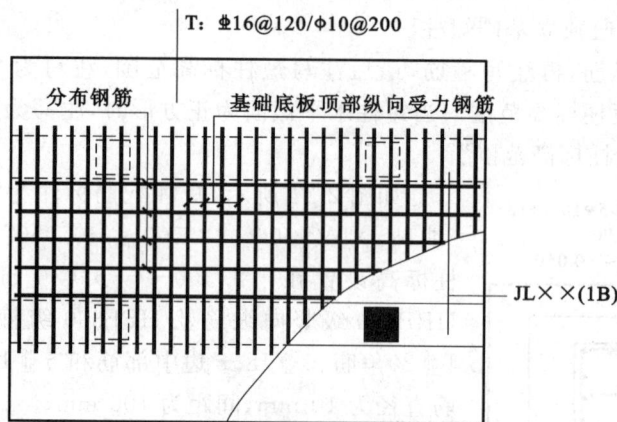

图 2-23 四柱独立基础底板顶部基础梁间配筋注写示意图

(5)基础底面标高。

本项内容为选注内容。当独立基础的底面标高与基础底面基准标高不同时,应将独立基础底面标高直接注写在"( )"内。

(6)必要的文字注解。

本项内容也为选注内容。当独立基础的设计有特殊要求时,宜增加必要的文字注解,基础底板配筋是否采用减短方式等,可在该项内注明。

2.原位标注

钢筋混凝土和素混凝土独立基础的原位标注,是在基础平面布置图上标注独立基础的平面尺寸。对相同编号的基础,可选择一个进行原位标注;当平面图形较小时,可将所选定的进行原位标注的基础按比例适当放大；其他相同编号者仅注编号。原位标注具体内容如下。

（1）普通独立基础。

普通独立基础应原位标注 x、y，x_c、y_c（或圆柱直径），x_i、y_i（$i=1,2,3,\cdots$）。其中，x、y 为普通独立基础两向边长，x_c、y_c 为柱截面尺寸，x_i、y_i 为阶宽或坡形平面尺寸。当设置短柱时，尚应标注短柱的截面尺寸。

对称阶形截面普通独立基础的原位标注如图 2-24 所示，非对称阶形截面普通独立基础的原位标注如图 2-25 所示，设置短柱独立基础的原位标注如图 2-26 所示。

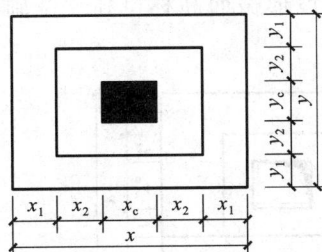

图 2-24　对称阶形截面普通　　　图 2-25　非对称阶形截面普通　　　图 2-26　带短柱独立
　　　独立基础原位标注　　　　　　独立基础原位标注　　　　　　基础的原位标注

对称坡形截面普通独立基础的原位标注如图 2-27 所示，非对称坡形截面普通独立基础的原位标注如图 2-28 所示。

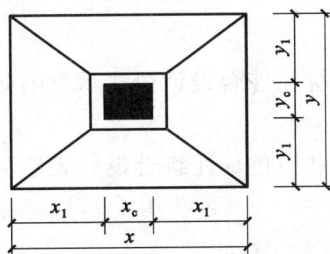

图 2-27　对称坡形截面普通独立基础原位标注　　图 2-28　非对称坡形截面普通独立基础原位标注

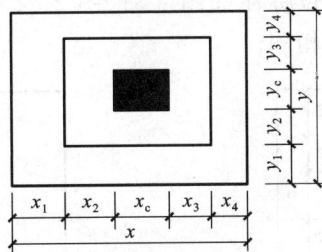

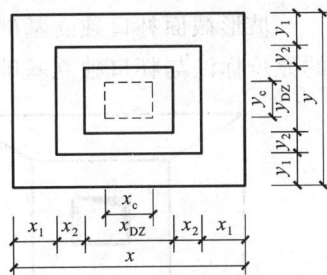

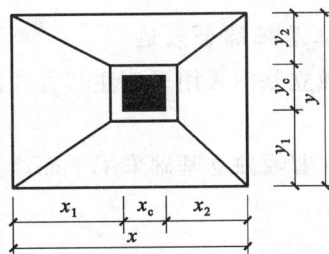

（2）杯口独立基础。

杯口独立基础原位标注 x、y，x_u、y_u，t_i，x_i、y_i（$i=1,2,3,\cdots$）。其中，x、y 为杯口独立基础两向边长，x_u、y_u 为杯口上口尺寸，t_i 为杯壁上口厚度，下口厚度为 t_i+25，x_i、y_i 为阶宽或坡形截面尺寸。

杯口上口尺寸 x_u、y_u，按柱截面边长两侧双向各加 75 mm；杯口下口尺寸按标准构造详图（为插入杯口的相应边长尺寸，每边各加 50 mm），设计不注。

阶形截面杯口独立基础的原位标注如图 2-29、图 2-30 所示，阶形截面高杯口独立基础原位标注与杯口独立基础完全相同。

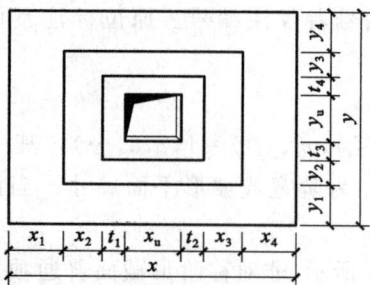

图 2-29　阶形截面杯口独立基础原位标注(一)　　图 2-30　阶形截面杯口独立基础原位标注(二)

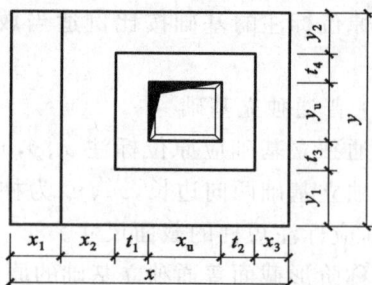

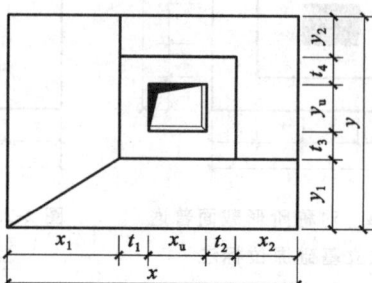

坡形截面杯口独立基础的原位标注如图 2-31、图 2-32 所示,坡形截面高杯口独立基础的原位标注与杯口独立基础完全相同。

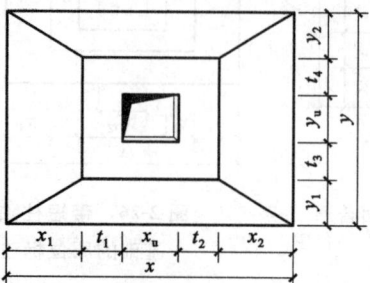

图 2-31　坡形截面杯口独立基础原位标注(一)　　图 2-32　坡形截面杯口独立基础原位标注(二)
（注:本图基础底板有两边不放坡。）

3. 独立基础综合表达

普通独立基础采用平面注写方式的集中标注和原位标注综合设计表达示意图如图 2-33 所示。

带短柱普通独立基础采用平面注写方式的集中标注和原位标注综合设计表达示意图如图 2-34所示。

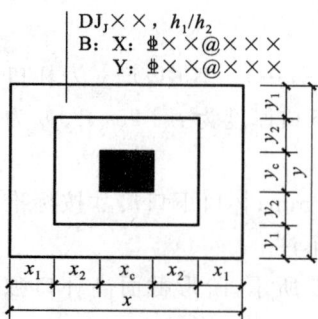

图 2-33　普通独立基础平面
注写方式设计表达示意图

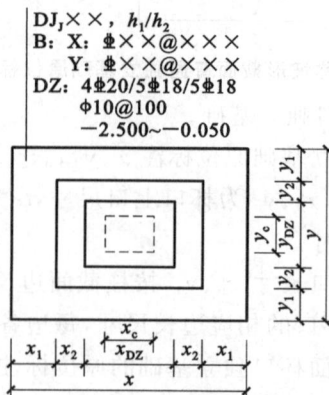

图 2-34　带短柱普通独立基础平面
注写方式设计表达示意图

杯口独立基础采用平面注写方式的集中标注和原位标注综合设计表达示意图如图 2-35 所示。图中,集中标注的第三、四行内容,表达了高杯口独立基础短柱的竖向纵筋和横向钢筋;当为杯口独立基础时,集中标注通常为第一、二、五行的内容。

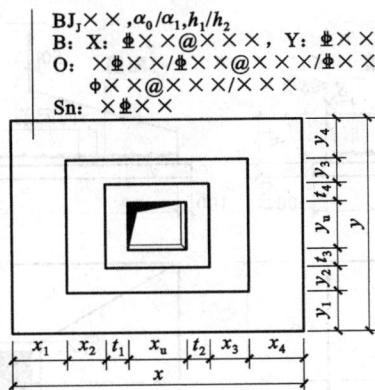

图 2-35　杯口独立基础平面注写方式设计表达示意图

2.2　计算独立基础钢筋工程量

由于杯口独立基础一般用于工业建筑中,民用建筑一般采用普通独立基础,本节主要介绍普通独立基础的钢筋构造。

2.2.1　独立基础钢筋体系

独立基础的钢筋构造是指独立基础的各种钢筋在实际工程中可能出现的各种构造情况,独立基础钢筋体系如图 2-36 所示。

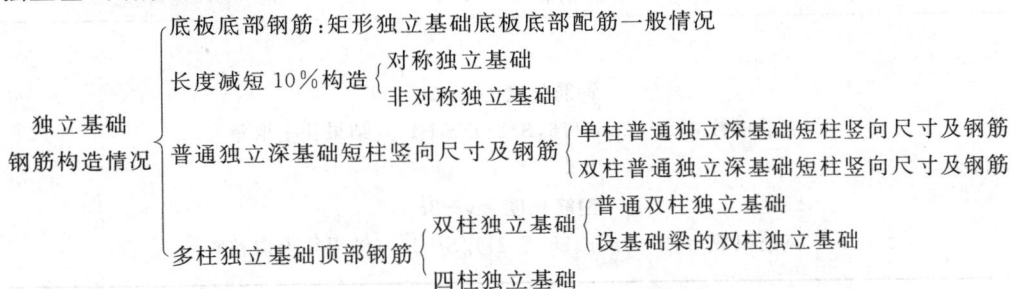

图 2-36　独立基础钢筋体系

2.2.2　独立基础钢筋构造

1. 独立基础底板钢筋构造

(1) 独立基础底板钢筋一般构造。

独立基础底板钢筋的一般构造见表 2-3。

表 2-3   独立基础底板钢筋一般构造

钢筋构造图示

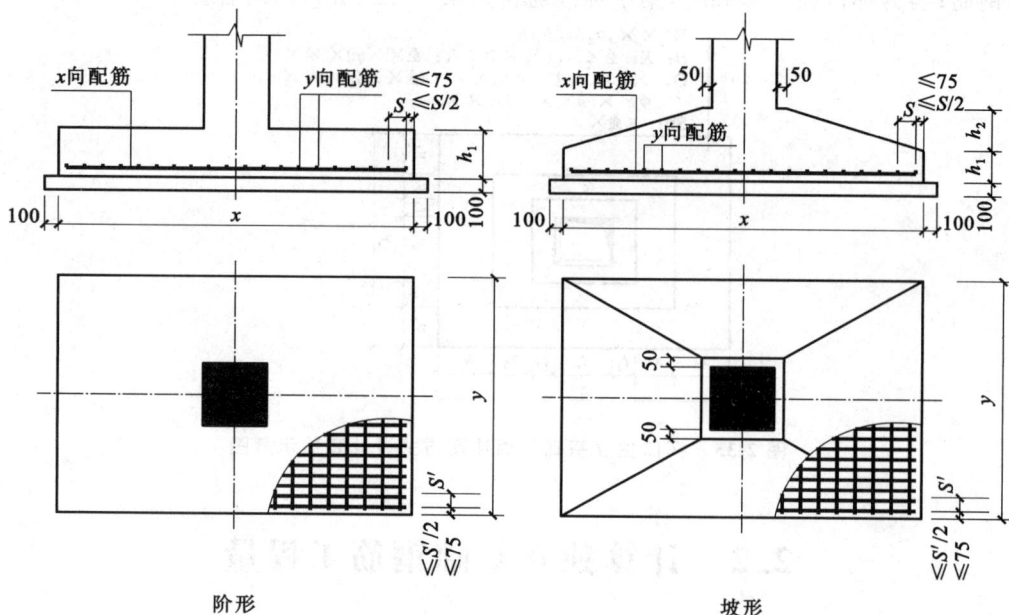

阶形   坡形

钢筋构造要点

1. 适用于各种尺寸的单柱、多柱独立基础;

2. 以 x 向和 y 向的直线形钢筋,以各自的起步距离 min{75,S/2}和间距 S,分别连续垂直布置,形成钢筋网;

3. 每向、每根钢筋的长度,分别以各向的底边边长减去两端的基础保护层厚度,为直线形

钢筋计算公式

x 向:

$$钢筋长度＝x-2c$$

$$钢筋根数＝(y-2\min\{75,S/2\})/S+1 \quad (结果往上取整)$$

y 向:

$$钢筋长度＝y-2c$$

$$钢筋根数＝(x-2\min\{75,S/2\})/S+1 \quad (结果往上取整)$$

（2）独立基础底板配筋长度减短 10%构造。

独立基础底板配筋长度减短 10%构造见表 2-4。

36

表 2-4　　　　　　　　　　**独立基础底板配筋长度减短10%构造**

钢筋构造图示

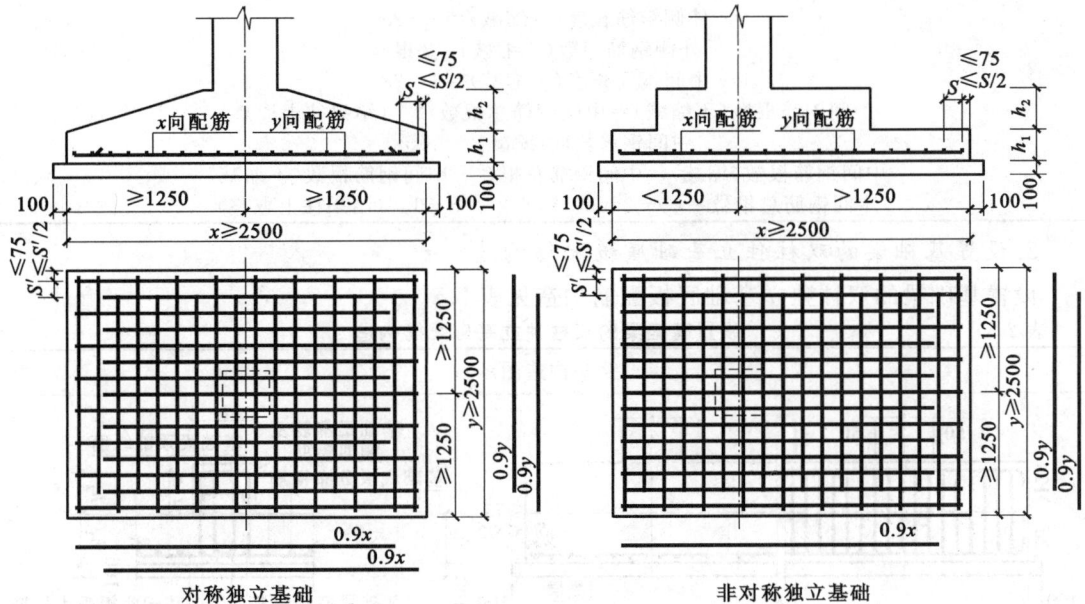

对称独立基础　　　　　　　　　　　　　　非对称独立基础

钢筋构造要点

1. 对称独立基础:当独立基础底板长度不小于 2500 mm 时,除外侧钢筋外,底板配筋长度可取相应方向底板长度的 0.9,交错放置,隔一布一。如对称独立基础中 x 向和 y 向钢筋(除外侧钢筋外),x 向钢筋左、右缩减,y 向钢筋上、下缩减。

2. 非对称独立基础:当独立基础底板长度不小于 2500 mm,但该基础某侧从柱中心至基础底板边缘的距离小于 1250 mm 时,钢筋在该侧不应减短。如非对称独立基础中,x 向钢筋(除外侧钢筋外)左侧不缩减,但右侧缩减,y 向钢筋(除外侧钢筋外)满足对称独立基础的要求,上、下两侧缩减。

3. 每向、每根不缩短钢筋的长度,分别以各向的底边边长减去两端的基础保护层厚度,形状为直线;每向、每根缩短钢筋的长度,分别以各向的底边边长的 0.9 计算,形状为直线

钢筋计算公式

1. 对称独立基础。

x 向

$$外侧钢筋长度(不缩减)＝x-2c$$
$$外侧钢筋根数(不缩减)＝2 \ 根$$
$$其他钢筋长度(缩减)＝0.9x$$
$$其他钢筋根数(缩减)＝(y-2\min\{75,S/2\})/S-1 \quad (结果往上取整)$$

y 向

$$外侧钢筋长度(不缩减)＝y-2c$$
$$外侧钢筋根数(不缩减)＝2 \ 根$$
$$其他钢筋长度(缩减)＝0.9y$$
$$其他钢筋根数(缩减)＝(x-2\min\{75,S/2\})/S-1 \quad (结果往上取整)$$

2.非对称独立基础。

对称方向:同对称独立基础 x 向或 y 向。

非对称方向(以 x 向为例):

$$外侧钢筋长度(不缩减)＝x-2c$$
$$外侧钢筋根数(不缩减)＝2 根$$
$$中间钢筋长度(不缩减)＝x-2c$$
$$中间钢筋根数(不缩减)＝中间钢筋总根数/2 \quad(结果往上取整)$$
$$中间钢筋长度(缩减)＝0.9x$$
$$中间钢筋根数(缩减)＝中间钢筋总根数-中间钢筋根数(不缩减)$$
$$中间钢筋总根数＝(y-2\min\{75,S/2\})/S-1 \quad(结果往上取整)$$

2.设置基础梁的双柱独立基础底板配筋构造

设置基础梁的双柱独立基础底板配筋构造见表 2-5。

表 2-5　　　　　　　设置基础梁的双柱独立基础配筋构造

钢筋构造图示

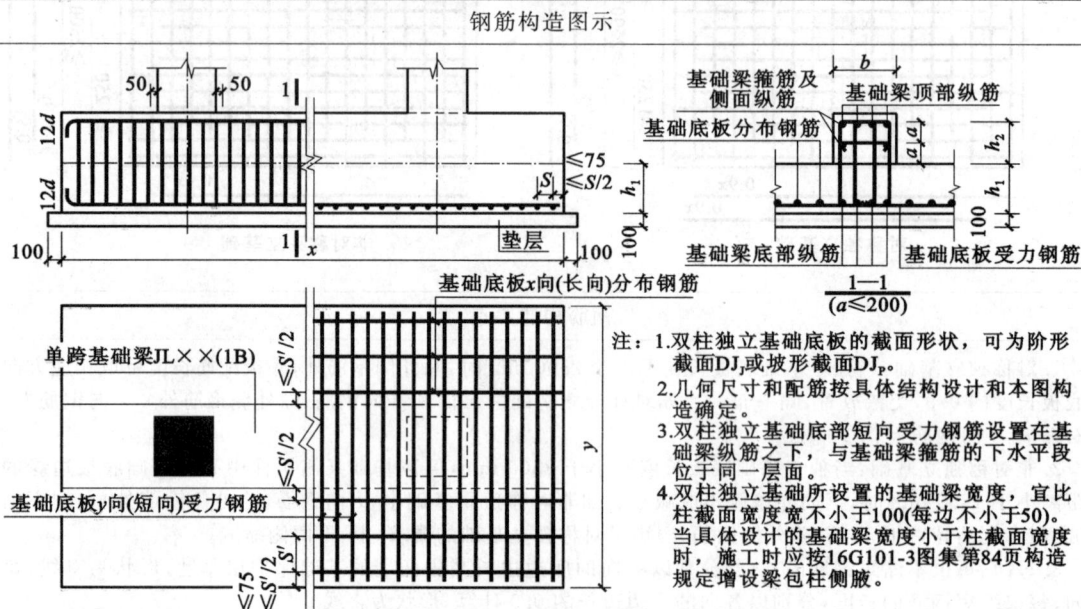

注:1.双柱独立基础底板的截面形状,可为阶形截面DJ₁或坡形截面DJ_p。
2.几何尺寸和配筋按具体结构设计和本图构造确定。
3.双柱独立基础底部短向受力钢筋设置在基础梁纵筋之下,与基础梁箍筋的下水平段位于同一层面。
4.双柱独立基础所设置的基础梁宽度,宜比柱截面宽度宽不小于100(每边不小于50)。当具体设计的基础梁宽度小于柱截面宽度时,施工时应按16G101-3图集第84页构造规定增设梁包柱侧腋。

钢筋构造要点

1.基础底板 y 向(短向)受力钢筋与基础梁垂直,以起步距离 $\min\{75,S/2\}$ 和间距 S 连续布置。

2.基础底板 x 向(长向)分布钢筋与基础梁平行,以起步距离 $\min\{75,S'/2\}$ 和间距 S' 布置在除基础梁底部及其上、下 $S'/2$ 的部位。

3.双柱独立基础底部短向受力钢筋设置在基础梁纵筋之下,与基础梁箍筋的下水平段位于同一层面

钢筋计算公式

1.基础底板 y 向(短向)受力钢筋:

$$长度＝y-2c$$
$$根数＝(x-2\min\{75,S/2\})/S-1 \quad(结果往上取整)$$

2.基础底板 x 向(长向)分布钢筋:

$$长度＝x-2c$$
$$根数(单侧)＝((y-b)/2-S'/2-\min\{75,S'/2\})/S'+1 \quad(结果往上取整)$$

3.双柱独立基础底板顶部钢筋构造

双柱独立基础底板顶部钢筋构造见表2-6。

表2-6 双柱独立基础底板顶部钢筋构造

钢筋构造图示

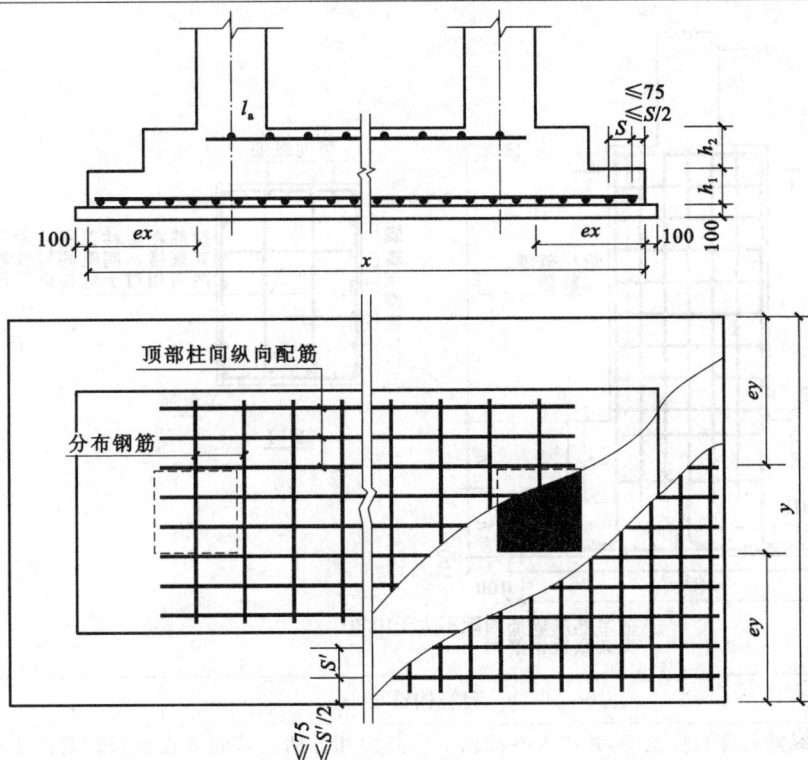

钢筋构造要点

1.纵向受力钢筋平行对称于双柱中心连线,两侧均匀布置;横向分布钢筋布置于受力钢筋长度范围内,起步距离为$S/2$。

2.纵向受力钢筋两端从柱内侧边线锚入柱中l_a。

3.横向分布钢筋:非满布时,两边分别超出最外边纵向受力筋外各150 mm;满布时,两端分别离顶台阶一个保护层厚度c。

钢筋计算公式

1.纵向受力钢筋:

$$长度=双柱内侧边净间距+2l_a$$
$$根数(满布)=(基础顶台阶宽度-2\min\{75,S/2\})/S-1 \quad (结果往上取整)$$
$$根数(非满布)=标注的已知根数$$

2.横向分布钢筋:

$$长度(纵向受力钢筋满布)=基础顶台阶宽度-2c$$
$$长度(纵向受力钢筋非满布)=(纵向受力钢筋根数-1)×纵向受力钢筋间距+150×2$$
$$根数=纵向受力钢筋长度/横向分布钢筋间距 \quad (结果往上取整)$$

4.单柱带短柱独立基础短柱配筋构造

单柱带短柱独立基础短柱配筋构造见表 2-7。

表 2-7   **单柱带短柱独立基础短柱配筋构造**

钢筋构造图示

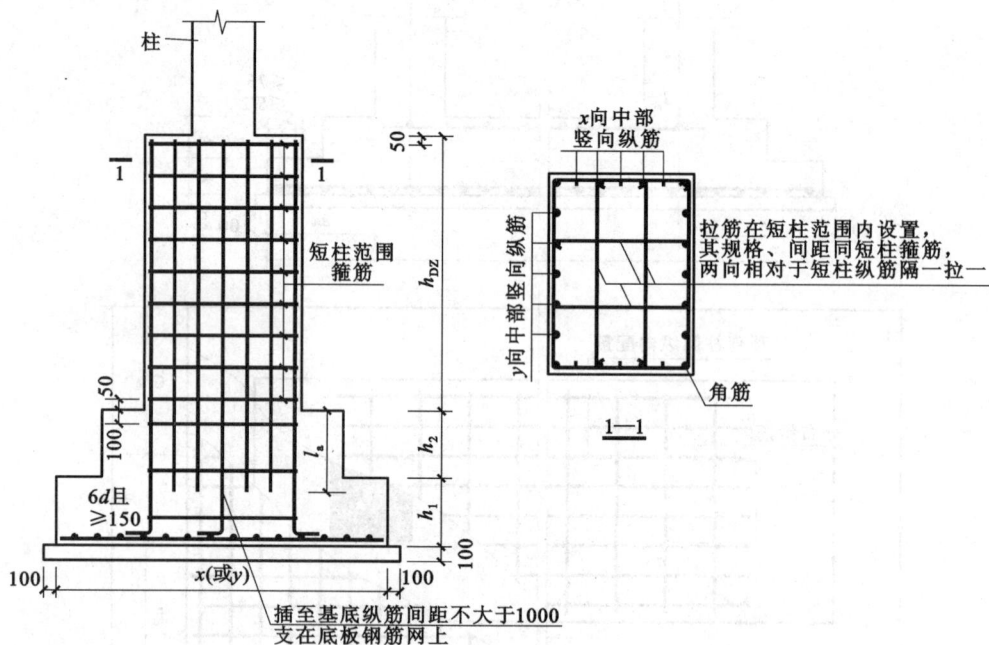

钢筋构造要点

1.中部竖向纵筋贯穿短柱范围,并锚入基础内 l_a。其中部分插至基底支在底板钢筋网上(与角筋等其他插至基底纵筋的间距不大于 1000 mm),锚固长度取 $\max\{6d, 150\}$。

2.角部竖向纵筋全部贯穿短柱范围,并插至基底支在底板钢筋网上,锚固长度取 $\max\{6d, 150\}$。

3.箍筋在基础范围内的要求:最上道离基础顶面 100 mm,间距不大于 500 mm,且不少于两道矩形封闭箍筋(非复合箍)。箍筋在短柱范围内的要求:起步于基础顶面 50 mm,按照标注的间距,均匀往上布置到离柱顶 50 mm 处。

4.拉筋在短柱范围内设置,其规格、间距同短柱箍筋,两向相对于短柱纵筋隔一拉一

钢筋计算公式

1.角部竖向纵筋:

$$长度 = 短柱高度 + 基础高度 - c - c' + \max\{6d, 150\}$$
$$根数 = 4 \ 根$$

2.中部竖向纵筋:

$$长度(插至基底) = 短柱高度 + 基础高度 - c - c' + \max\{6d, 150\}$$
$$根数(单边)(插至基底) = (短柱单边宽度 - 2c)/1000 - 1 \quad (结果往上取整)$$
$$长度(不插至基底) = 短柱高度 - c + l_a$$
$$根数(单边)(不插至基底) = 单边总根数 - 根数(单边) \quad (插至基底)$$

3.箍筋和拉筋计算详见第 4 章柱构件

5.双柱带短柱独立基础短柱配筋构造

双柱带短柱独立基础短柱配筋构造见表 2-8。

表 2-8　　　　　　　　　　　双柱带短柱独立基础短柱配筋构造

钢筋构造图示

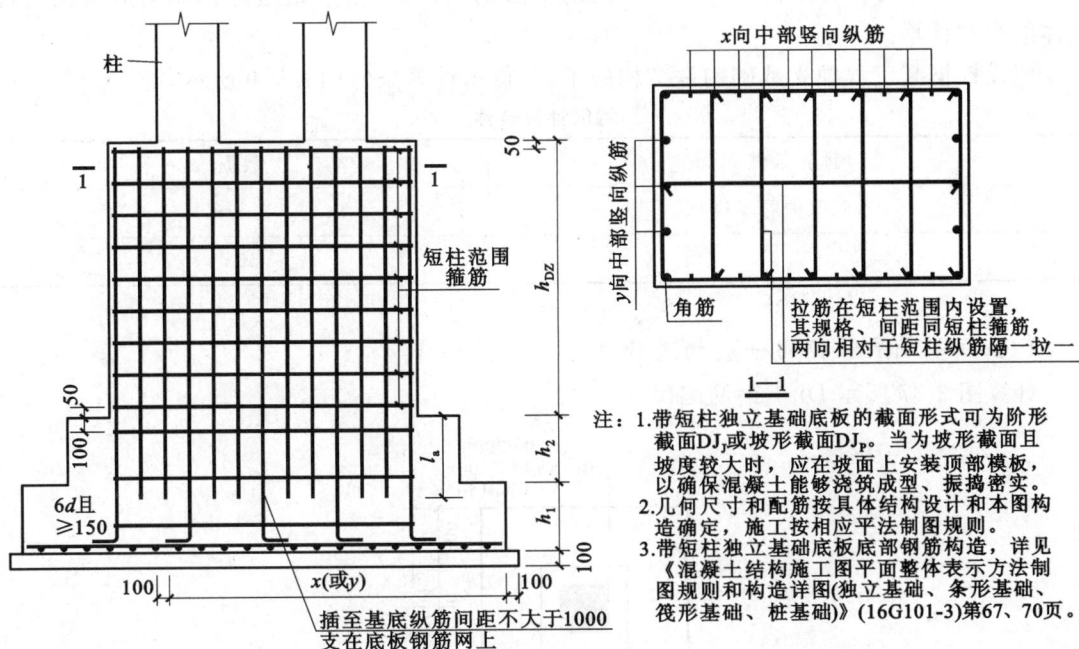

注：1.带短柱独立基础底板的截面形式可为阶形截面DJ，或坡形截面DJ。当为坡形截面且坡度较大时，应在坡面上安装顶部模板，以确保混凝土能够浇筑成型、振捣密实。

2.几何尺寸和配筋按具体结构设计和本图构造确定，施工按相应平法制图规则。

3.带短柱独立基础底板底部钢筋构造，详见《混凝土结构施工图平面整体表示方法制图规则和构造详图（独立基础、条形基础、筏形基础、桩基础）》（16G101-3）第67、70页。

钢筋构造要点

1.中部竖向纵筋贯穿短柱范围，并锚入基础内 l_a。其中部分插至基底支在底板钢筋网上（与角筋等其他插至基底纵筋的间距不大于 1000 mm），锚固长度取 $\max\{6d,150\}$。

2.角部竖向纵筋全部贯穿短柱范围，并插至基底支在底板钢筋网上，锚固长度取 $\max\{6d,150\}$。

3.箍筋在基础范围内的要求：最上道离基础顶面 100 mm，间距不大于 500 mm，且不少于两道矩形封闭箍筋（非复合箍）。箍筋在短柱范围内的要求：起步于基础顶面 50 mm，按照标注的间距，均匀往上布置到离柱顶 50 mm 处。

4.拉筋在短柱范围内设置，其规格、间距同短柱箍筋，两向相对于短柱纵筋隔一拉一

钢筋计算公式

1.角部竖向纵筋：

$$长度＝短柱高度＋基础高度－c－c'＋\max\{6d,150\}$$
$$根数＝4 根$$

2.中部竖向纵筋：

$$长度（插至基底）＝短柱高度＋基础高度－c－c'＋\max\{6d,150\}$$
$$根数（单边）（插至基底）＝（短柱单边宽度－2c）/1000－1 \quad （结果往上取整）$$
$$长度（不插至基底）＝短柱高度－c＋l_a$$
$$根数（单边）（不插至基底）＝单边总根数－根数（单边） \quad （插至基底）$$

3.箍筋和拉筋计算详见第 4 章柱构件

2.3 独立基础钢筋计算实例

本章 2.2 节主要详细讲解了独立基础的平法钢筋构造,本节就这些钢筋构造情况进行具体的举例计算。

假设根据某工程独立基础构件结构施工图,得出计算条件如表 2-9 所示。

表 2-9   钢筋计算条件

计算条件	数据
基础保护层厚度	40 mm
l_a	$30d$

1. 独立基础底板钢筋一般构造计算

计算图 2-37 所示 DJ_P1 钢筋工程量。

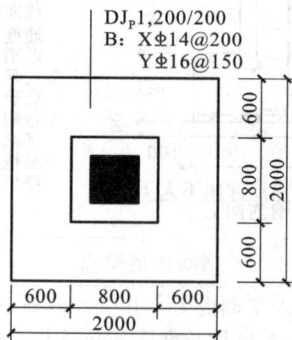

图 2-37 DJ_P1 基础示意图

（1）钢筋计算过程见表 2-10。

表 2-10   钢筋计算过程

钢筋	计算过程
x 向钢筋: XΦ14@200	长度 $= x - 2c$ 长度 $= 2000 - 2 \times 40 = 1920 (mm)$
	根数 $= (y - 2\min\{75, S/2\})/S + 1$ （结果往上取整） 根数 $= (2000 - 2 \times \min\{75, 200/2\})/200 + 1 = 10.25$（根），取 11 根
	总长度 $= 1920 \times 11 = 21120 (mm)$
y 向钢筋: YΦ16@150	长度 $= y - 2c$ 长度 $= 2000 - 2 \times 40 = 1920 (mm)$
	根数 $= (y - 2\min\{75, S/2\})/S + 1$ （结果往上取整） 根数 $= (2000 - 2 \times \min\{75, 150/2\})/150 + 1 = 13.33$（根），取 14 根
	总长度 $= 1920 \times 14 = 26880 (mm)$

（2）钢筋汇总表如表 2-11 所示。

表 2-11　　　　　　　　　　　　　　钢筋汇总表

钢筋规格	钢筋比重/(kg/m)	钢筋名称	重量计算式	总重/kg
Φ14	1.208	x 向钢筋	21.12×1.208=25.51	25.51
Φ16	1.578	y 向钢筋	26.88×1.578=42.42	42.42

2. 对称独立基础底板钢筋缩减 10% 构造计算

计算图 2-38 所示 DJ$_P$2 钢筋工程量。

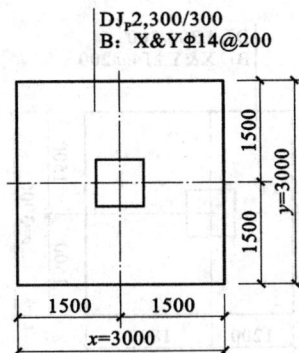

图 2-38　DJ$_P$2 独立基础示意图

（1）钢筋计算过程见表 2-12。

表 2-12　　　　　　　　　　　　　　钢筋计算过程

钢筋	计算过程	说明
x 向钢筋： X Φ14@200	外侧钢筋长度＝$x-2c$ 或 $x-2c+2×6.25d$ 外侧钢筋长度＝3000－2×40＝2920(mm)	外侧钢筋不缩减
	外侧钢筋根数＝2 根	
	外侧钢筋总长度＝2920×2＝5840(mm)	
	中间钢筋长度＝0.9x 中间钢筋长度＝0.9×3000＝2700(mm)	当对称独立基础底板长度不小于 2500 mm 时,除外侧钢筋外,底板配筋长度可取相应方向底板长度的 0.9
	中间钢筋根数＝(y－2min{75,S/2})/S－1 (结果往上取整) 中间钢筋根数＝(3000－2×min{75,200/2})/200－1＝13.25(根),取 14 根	
	中间钢筋总长度＝2700×14＝37800(mm)	
	总长度＝5840＋37800＝43640(mm)	
y 向钢筋： Y Φ14@200	计算同 x 向钢筋	

（2）钢筋汇总表如表 2-13 所示。

表 2-13 钢筋汇总表

钢筋规格	钢筋比重/(kg/m)	钢筋名称	重量计算式	总重/kg
Φ14	1.208	x 向钢筋	43.64×1.208=52.72	52.72
Φ14	1.208	y 向钢筋	43.64×1.208=52.72	52.72

3. 非对称独立基础底板钢筋缩减 10% 构造计算

计算图 2-39 所示 DJ$_P$3 钢筋工程量。

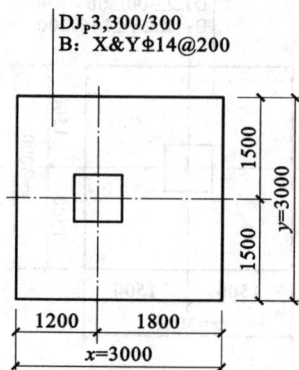

图 2-39 DJ$_P$3 独立基础示意图

（1）钢筋计算过程见表 2-14。

表 2-14 钢筋计算过程

钢筋	计算过程	说明
x 向钢筋： XΦ14@200	外侧钢筋长度＝$x-2c$ 或 $x-2c+2\times6.25d$ 外侧钢筋长度＝3000－2×40＝2920(mm)	最外侧钢筋不缩减
	外侧钢筋根数＝2 根	
	外侧钢筋总长度＝2920×2＝5840(mm)	
	中间钢筋长度（缩减）＝0.9x 中间钢筋长度（缩减）＝0.9×3000＝2700(mm)	当独立基础非对称底板长度不小于 2500 mm 时,除外侧钢筋外,底板配筋长度可取相应方向底板长度的 0.9
	中间钢筋根数（缩减）＝$(y-2\min\{75,S/2\})/(2S)-1$ （结果往上取整） 中间钢筋根数（缩减）＝$(3000-2\times\min\{75,200/2\})/2/200-1＝6.13$(根),取 7 根	
	中间钢筋总长度（缩减）＝2700×7＝18900(mm)	

钢筋	计算过程	说明
x 向钢筋： X Φ 14@200	中间钢筋长度（不缩减）$=x-2c$ 中间钢筋长度（不缩减）$=3000-2\times40=2920$(mm)	当独立基础底板长度不小于 2500 mm，但该基础某侧从柱中心至基础底板边缘的距离小于 1250 mm 时，钢筋在该侧不应减短
	中间钢筋根数（不缩减）＝中间钢筋总根数－中间钢筋根数（缩减） 中间钢筋总根数 $=(y-2\min\{75,S/2\})/S-1$　（结果往上取整）	
	中间钢筋总根数 $=(3000-2\times\min\{75,200/2\})/200-1=$13.25(根)，取 14 根 中间钢筋根数（不缩减）$=14-7=7$(根)	
	中间钢筋总长度 $=2920\times7=20440$(mm)	
	总长度 $=5840+18900+20440=45180$(mm)	
y 向钢筋： Y Φ 14@200	外侧钢筋长度 $=x-2c$ 或 $x-2c+2\times6.25d$ 外侧钢筋长度 $=3000-2\times40=2920$(mm)	**最外侧钢筋不缩减**
	外侧钢筋根数 $=2$ 根	
	外侧钢筋总长度 $=2920\times2=5840$(mm)	
	中间钢筋长度 $=0.9x$ 中间钢筋长度 $=0.9\times3000=2700$(mm)	当非对称独立基础底板长度不小于 2500 mm 时，除外侧钢筋外，底板配筋长度可取相应方向底板长度的 0.9
	中间钢筋根数 $=(y-2\min\{75,S/2\})/S-1$　（结果往上取整） 中间钢筋根数 $=(3000-2\times\min\{75,200/2\})/200+1=$13.25(根)，取 14 根	
	中间钢筋总长度 $=2700\times14=37800$(mm)	
	总长度 $=5840+37800=43640$(mm)	

（2）钢筋汇总表如表 2-15 所示。

表 2-15　　　　　　　　　　　　　　　钢筋汇总表

钢筋规格	钢筋比重/(kg/m)	钢筋名称	重量计算式	总重/kg
Φ 14	1.208	*x* 向钢筋	$45.18\times1.208=54.58$	54.58
Φ 14	1.208	*y* 向钢筋	$43.64\times1.208=52.72$	52.72

4. 双柱独立基础底板顶部钢筋构造计算

计算图 2-40 所示 DJ_P4 双柱独立基础底板顶部钢筋工程量。

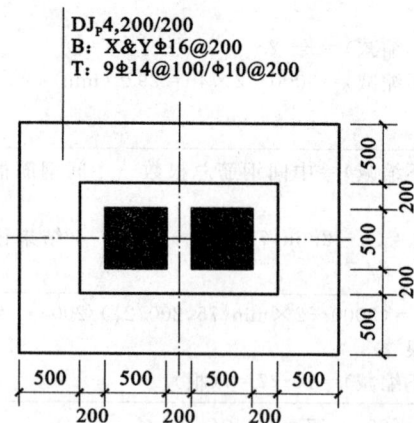

DJ_P4,200/200
B: X&Y$\pm$16@200
T: 9$\pm$14@100/Φ10@200

图 2-40　DJ_P4 双柱独立基础示意图

（1）钢筋计算过程如表 2-16 所示。

表 2-16　　　　　　　　　　　　　　钢筋计算过程

钢筋	计算过程	说明
纵向受力钢筋：9 $\pm$ 14@100	长度＝双柱内侧边净间距＋$2l_a$ 长度＝200＋2×30×14＝1040(mm)	纵向受力钢筋两端从柱内侧边线锚入柱中 l_a
	根数（非满布）＝标注的已知根数 根数＝9 根	
	总长度＝1040×9＝9360(mm)	
横向分布钢筋：Φ10@200	长度（纵向受力钢筋满布）＝基础顶台阶宽度－2c 长度＝500＋200×2－40×2＝820(mm)	根据纵向受力钢筋的间距和根数可判定纵向受力钢筋满布
	根数＝纵向受力钢筋长度/横向分布钢筋间距　（结果往上取整） 根数＝1040/200＝5.2(根)，取 6 根	
	总长度＝820×6＝4920(mm)	

（2）钢筋汇总表如表 2-17 所示。

表 2-17　　　　　　　　　　　　　　钢筋汇总表

钢筋规格	钢筋比重/(kg/m)	钢筋名称	重量计算式	总重/kg
$\pm$14	1.208	纵向受力钢筋	9.36×1.208＝11.31	11.31
Φ10	0.617	横向分布钢筋	4.92×0.617＝3.04	3.04

3 条形基础

3.1 识读条形基础平法施工图

3.1.1 条形基础平法识图知识体系

1.条形基础的概念和分类

条形基础是指连续的带状基础,故也称为带形基础,一般位于砖墙或混凝土墙下,用以支承墙体构件。

条形基础整体上可分为两类:一类为梁板式条形基础,如图 3-1 所示,该类基础适用于钢筋混凝土框架结构、框架-剪力墙结构、部分框支剪力墙结构和钢结构;另一类为板式条形基础,如图 3-2 所示,该类基础适用于钢筋混凝土剪力墙结构和砌体结构。

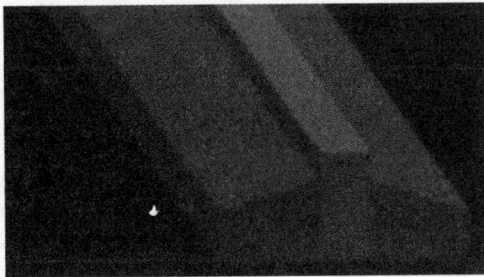

图 3-1 梁板式条形基础

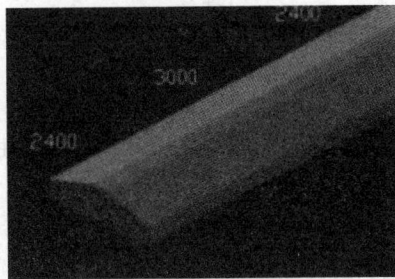

图 3-2 板式条形基础

2.条形基础平法施工图的表示方法

条形基础平法施工图有平面注写和截面注写两种表达方式,施工图会根据具体情况选择一种,或将两种方式相结合表示条形基础。

在条形基础平面布置图上,条形基础平面与基础所支承的上部结构的柱、墙会一起绘制在条形基础平面图上。当基础底面标高不同时,会注明与基础底面基准线标高不同之处的范围和标高。

当梁板式条形基础梁中心或板式条形基础板中心与建筑定位轴线不重合时,应标注其定位尺寸;对于编号相同的条形基础,可仅选择一个进行标注。

平法施工图会将梁板式条形基础分解为基础梁和条形基础底板分别进行表达。对于板式条形基础,则仅表达条形基础底板。

3.条形基础平面注写方式

条形基础的平面注写方式是指直接在条形基础平面布置图上进行数据项的标注,有集中标注和原位标注两部分内容,如图3-3所示。

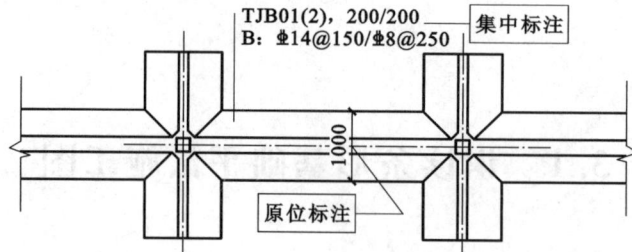

图 3-3　条形基础平面注写方式

集中标注是在基础平面布置图上集中引注基础梁编号、截面尺寸、配筋三项必注内容,以及基础梁底面标高(与基础底面基准标高不同时)和必要的文字注解两项选注内容。

原位标注是在基础平面布置图上标注各跨的尺寸和配筋。

4.条形基础知识体系

条形基础平法识图知识体系如图3-4所示。

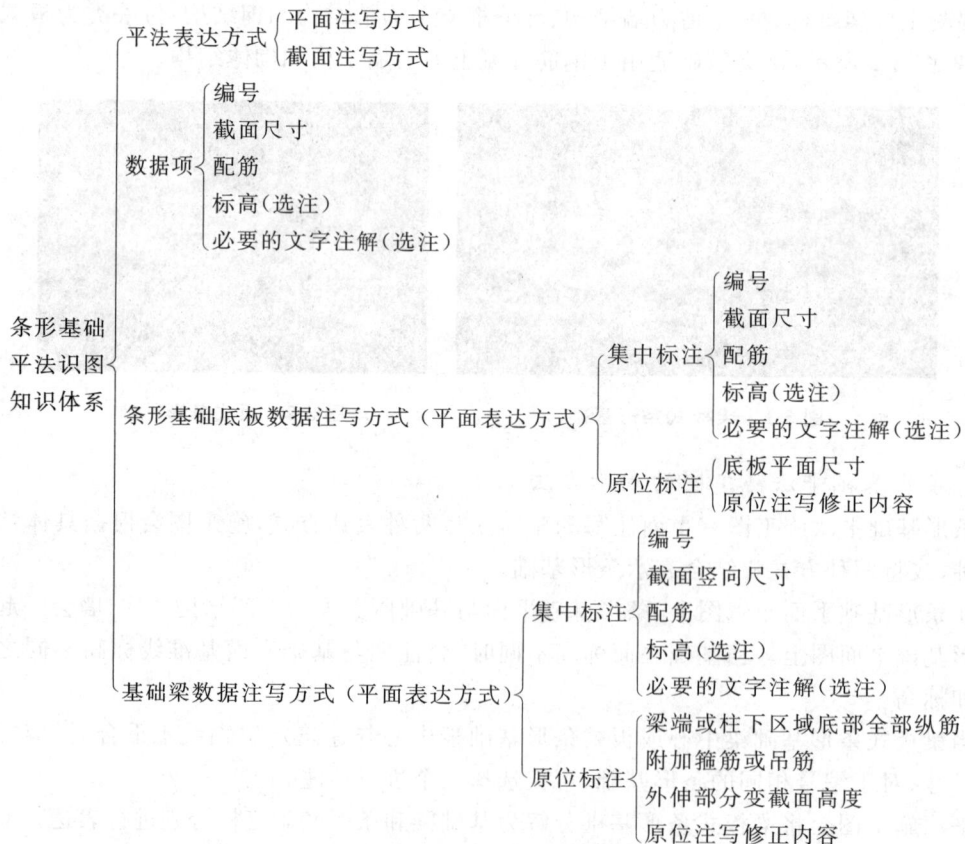

图 3-4　条形基础平法识图知识体系

3.1.2 条形基础钢筋平法识图

1.条形基础基础梁平法识图
(1)集中标注。
① 基础梁集中标注包括编号、截面尺寸、配筋三项必注内容,如图 3-5 所示。

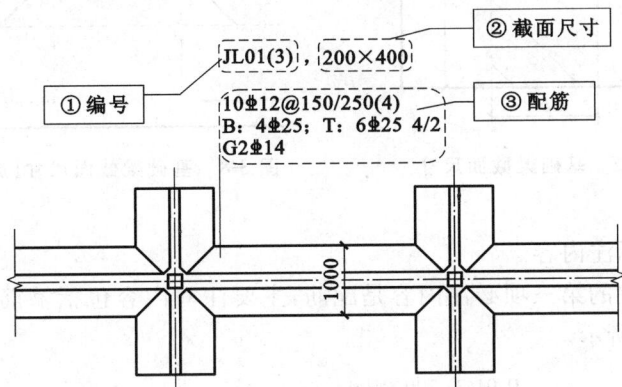

图 3-5 条形基础集中标注

② 基础梁编号。

基础梁集中标注的第一项必注内容是基础梁编号,由"代号""序号""跨数及是否有外伸"三项组成,如图 3-6 所示。

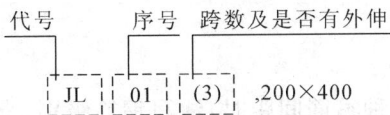

图 3-6 基础梁编号

基础梁编号中标注的"代号""序号""跨数及是否有外伸"三项符号的具体表示方法如表 3-1所示。

表 3-1　　　　　　　　　　　　　　　基础梁编号

类型	代号	序号	跨数及是否有外伸
基础梁	JL	××	(××):端部无外伸,括号内数字表示跨数
		××	(××A):一端有外伸
		××	(××B):两端有外伸

例如,JL02(4) 表示基础梁 02,4 跨,端部无外伸;JL05(2A)表示基础梁 05,2 跨,一端有外伸;JL04(3B)表示基础梁 04,3 跨,两端有外伸。

③ 基础梁截面尺寸。

基础梁集中标注的第二项必注内容是截面尺寸。基础梁截面尺寸用 $b \times h$ 表示梁截面宽度和高度;当为加腋梁时,用 $b \times h \, Yc_1 \times c_2$ 表示,其中 c_1 为腋长,c_2 为腋高,如图 3-7 和图 3-8所示。

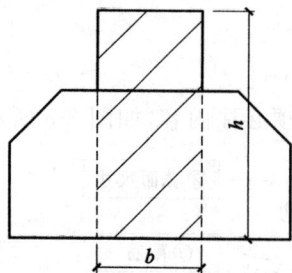

图 3-7　基础梁截面尺寸　　　　图 3-8　基础梁截面尺寸(加腋)

④ 基础梁配筋。

a.基础梁配筋标注内容。

基础梁集中标注的第三项必注内容是配筋,主要注写内容包括箍筋,底部、顶部及侧面纵向钢筋,如图 3-9 所示。

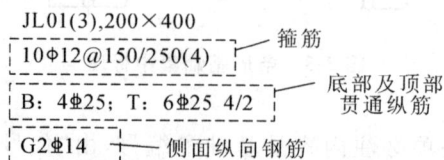

JL01(3),200×400

10Φ12@150/250(4)　——　箍筋

B: 4Φ25; T: 6Φ25 4/2　——　底部及顶部贯通纵筋

G2Φ14　——　侧面纵向钢筋

图 3-9　基础梁配筋标注内容

b.箍筋。

基础梁箍筋表示方法如下:

(a) 当具体设计仅采用一种箍筋间距时,注写钢筋级别、直径、间距与肢数(箍筋肢数写在括号内);

(b) 当具体设计采用两种箍筋时,用斜线"/"分隔不同箍筋,按照从基础梁两端向跨中的顺序注写,即先注写第 1 段箍筋(在前面加注箍筋道数),再在斜线后注写第 2 段箍筋(不再注写箍筋道数)。基础梁箍筋平法识图见表 3-2。

表 3-2　　　　　　　　　　　基础梁箍筋平法识图

箍筋表示方法	识图
Φ12@150(2)	只有一种间距,双肢箍 JL01(3),200×400 Φ12@150(2) B: 4Φ25 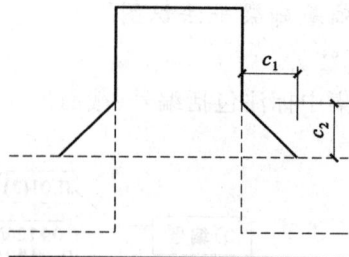 只有一种箍筋间距 L

箍筋表示方法	识图
5φ12@150/250(2)	两端各布置 5 根φ12 间距为 150 mm 的箍筋,中间剩余部位按间距 250 mm 布置,均为双肢箍 JL01(3),200×400 5φ12@150/250(2) B:4⊈25; T:6⊈25 4/2 两端: 5φ12@150(2) 中间剩余部位: φ12@250(2) L
6φ12@150/5φ14@200/ φ14@250(4)	两端向里,先各布置 6 根φ12 间距为 150 mm 的箍筋,再往里两侧各布置 5 根φ14 间距为 200 mm 的箍筋,中间剩余部位按间距 250 mm 布置箍筋,均为四肢箍 JL01(3),200×400 6φ12@150/5φ14@200/ φ14@250(4) B:4⊈25; T:6⊈25 4/2 两端第一种箍筋: 6φ12@150(4) 中间剩余部位箍筋: φ14@250(4) L 两端第二种箍筋: 5φ14@200(4)
5φ12@150(4)/φ14@250(2)	两端各布置 5 根φ12 间距为 150 mm 的四肢箍筋,中间剩余部位布置φ14 间距为 250 mm 的双肢箍筋 JL01(3),200×400 5φ12@150(4)/ φ14@250(2) B:4⊈25; T:6⊈25 4/2 两端: 5φ12@150(4) 中间剩余部位: φ14@250(2) L

c.底部及顶部贯通纵筋。

(a)以"B"打头,注写梁底部贯通纵筋(不应小于梁底部受力钢筋总截面面积的 1/3)。当跨中所注根数少于箍筋肢数时,需要在跨中增设梁底部架立筋,以固定箍筋,采用"+"将贯通纵筋与架立筋相连,架立筋注写在加号后面的括号内。

(b)以"T"打头,注写梁顶部贯通纵筋,注写时用分号";"将底部和顶部贯通纵筋分隔开,如有个别跨与其不同者按原位注写的规定处理。

(c) 当梁底部或顶部贯通纵筋多于一排时,用"/"将各排纵筋自上而下分隔开来。

例如,"B:4⊕25;T:12⊕25 7/5"表示梁底部配置贯通纵筋为 4⊕25;梁顶部配置贯通纵筋上一排为 7⊕25,下一排为 5⊕25,共 12⊕25。

d. 侧面纵向钢筋。

以大写字母"G"打头注写梁两侧面对称设置的纵向构造钢筋的总配筋值(当梁腹板净高 h_w 不小于 450 mm 时,根据需要配置)。例如,"G8⊕14"表示梁每个侧面配置纵向构造钢筋 4⊕14,共配置 8⊕14。

当需要配置抗扭纵向钢筋时,梁两个侧面设置的抗扭纵向钢筋以"N"打头注写。例如,"N8⊕16"表示梁的两个侧面共配置 N8⊕16 的纵向抗扭钢筋,沿界面周边均匀对称设置。

⑤ 基础梁底面标高。

基础梁集中标注的第四项内容是基础梁底面标高,是选注内容。当条形基础的底面标高与基础底面基准标高不同时,将条形基础底面标高注写在括号"()"内。

⑥ 必要的文字注解。

基础梁集中标注的第五项内容是必要的文字注解,是选注内容。当基础梁的设计有特殊要求时,宜增加必要的文字注解。

(2) 原位标注。

① 梁端部及柱下区域底部全部纵筋。

a. 梁端部及柱下区域底部全部纵筋是指该位置的所有纵筋,包括底部非贯通纵筋和已集中标注的底部贯通纵筋,见图 3-10。

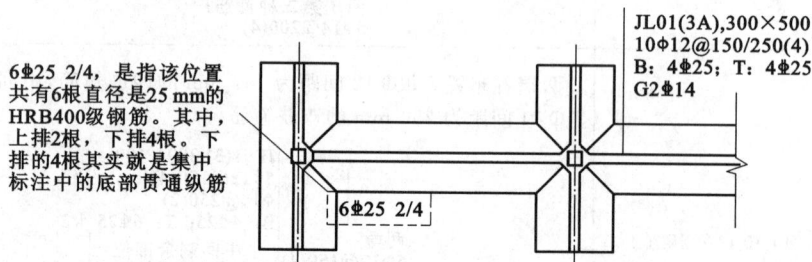

图 3-10 基础梁端部及柱下区域底部全部纵筋

(a) 当基础梁端或梁在柱下区域的底部全部纵筋多于一排时,用"/"将各排纵筋自上而下分隔开来。

(b) 当同排纵筋有两种直径时,用"+"将两种直径的纵筋相连。

(c) 当梁中间支座或梁在柱下区域两边的底部纵筋配置不同时,需在支座两边分别标注;当梁中间支座两边的底部纵筋相同时,可仅在支座的一边标注。

(d) 当梁支座底部全部纵筋与集中注写过的底部贯通纵筋相同时,可不再重复做原位标注。

(e) 竖向加腋梁加腋部位钢筋,需在设置加腋的支座处以"Y"打头注写在括号内。

b. 基础梁端部及柱下区域原位标注的识图见表 3-3。

表 3-3 基础梁端部及柱下区域原位标注识图

表示方法	识图
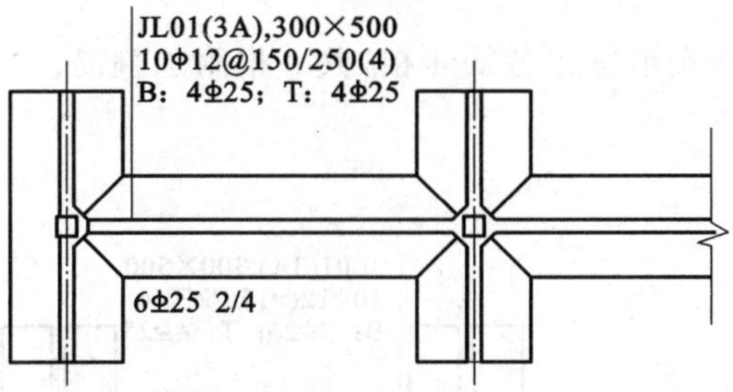 JL01(3A),300×500 10Φ12@150/250(4) B: 4Φ25; T: 4Φ25 6Φ25 2/4	上下两排,上排2Φ25是底部非贯通纵筋,下排4Φ25是集中标注的底部贯通纵筋
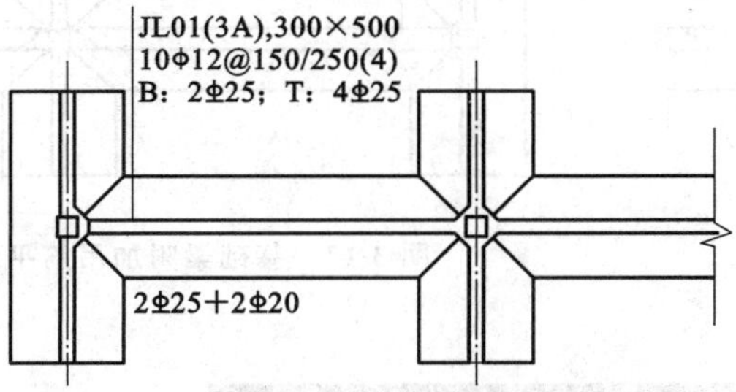 JL01(3A),300×500 10Φ12@150/250(4) B: 2Φ25; T: 4Φ25 2Φ25+2Φ20	由两种不同直径钢筋组成,用"+"连接,其中2Φ25是集中标注的底部贯通纵筋,2Φ20是底部非贯通纵筋
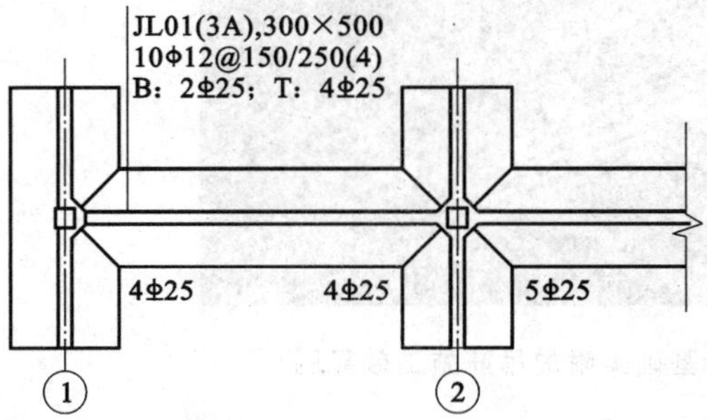 JL01(3A),300×500 10Φ12@150/250(4) B: 2Φ25; T: 4Φ25 4Φ25 4Φ25 5Φ25 ① ②	(1)中间支座柱下两侧底部配筋不同,②轴左侧为4Φ25,其中2根为集中标注的底部贯通筋,另2根为底部非贯通纵筋;②轴右侧为5Φ25,其中2根为集中标注的底部贯通纵筋,另3根为底部非贯通纵筋。 (2)底部配筋②轴左侧为4根,右侧为5根,它们直径相同,只是根数不同,其中4根贯穿②轴,右侧多出的1根进行锚固
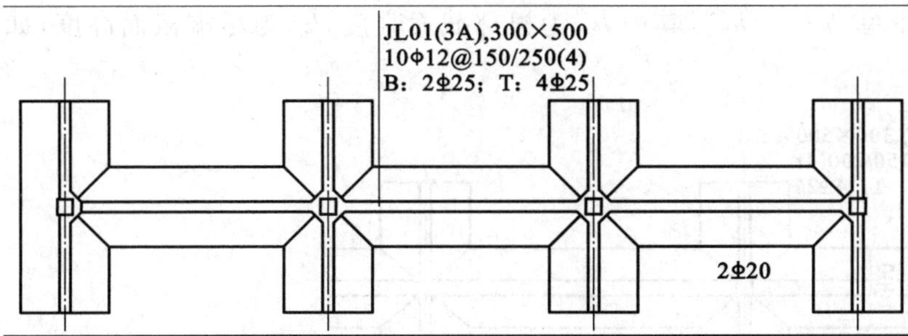 JL01(3A),300×500 10Φ12@150/250(4) B: 2Φ25; T: 4Φ25 2Φ20	底部贯通纵筋为2Φ25,第三跨经原位标注修正为2Φ20,就出现了两种不同配置的底部贯通纵筋,这种情况下,应将配置较大纵筋伸至配置较小的那跨的跨中进行连接

② 附加箍筋或附加吊筋。

当两向基础梁十字交叉,但交叉位置无柱时,应根据抗力需要设置附加箍筋或附加吊筋。附加箍筋或吊筋平法标注是直接在平面图相应位置(平面图十字交叉梁中刚度较大的条形基础主梁上)引注总配筋值(附加箍筋的肢数注在括号内)。当多数附加箍筋或吊筋相同时,可在条形基础平法施工图上统一注明;少数与统一注明值不同时再原位直接引注。

　　a.附加箍筋。

附加箍筋的平法标注见图 3-11,其表示每边各加 4 根,共 8 根附加箍筋。

　　b.附加吊筋。

附加吊筋的平法标注见图 3-12。

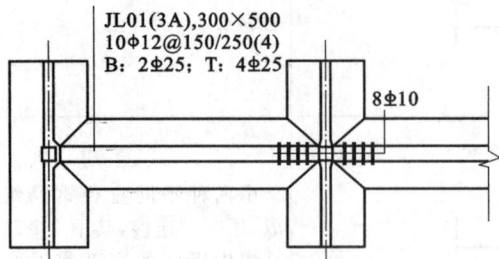

JL01(3A),300×500
10Φ12@150/250(4)
B: 2Φ25; T: 4Φ25

8Φ10

JL01(3A),300×500
10Φ12@150/250(4)
B: 2Φ25; T: 4Φ25

2Φ14

图 3-11　基础梁附加箍筋平法标注　　　　　图 3-12　基础梁附加吊筋平法标注

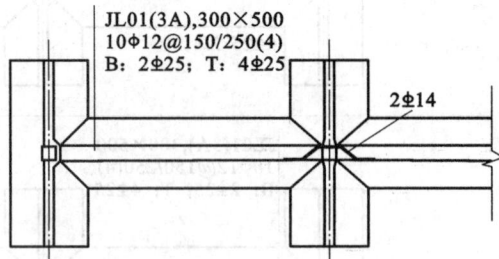

附加吊筋施工效果图如图 3-13 所示。

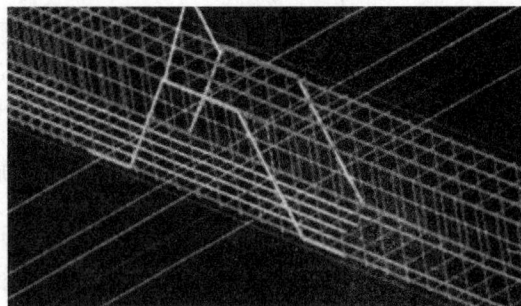

图 3-13　基础梁附加吊筋施工效果图

③ 外伸部位的变截面高度尺寸。

基础梁外伸部位如果有变截面,应注写变截面高度尺寸。当基础梁外伸部位采用变截面高度时,在该部位原位注写"$b \times h_1/h_2$",其中 h_1 为根部截面高度,h_2 为尽端截面高度,如图 3-14 所示。

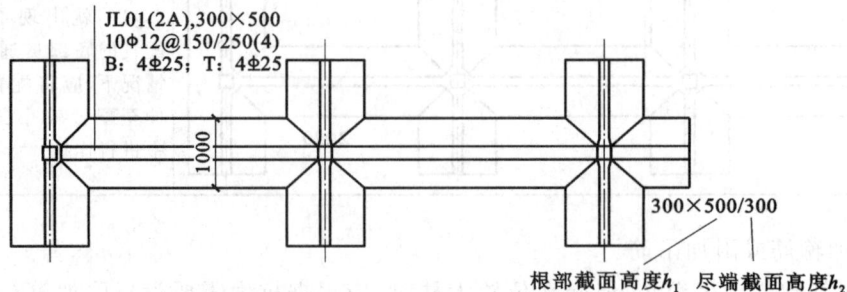

JL01(2A),300×500
10Φ12@150/250(4)
B: 4Φ25; T: 4Φ25

1000

300×500/300

根部截面高度h_1　尽端截面高度h_2

图 3-14　基础梁外伸部位变截面高度尺寸原位注写

基础梁外伸部位变截面尽端高度值具体见图 3-15。

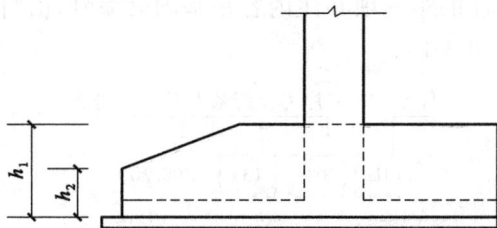

图 3-15 基础梁外伸部位变截面尽端高度值

④ 原位标注修正内容。

当在基础梁上集中标注的某项内容(如截面尺寸、箍筋、底部与顶部贯通纵筋或架立筋、梁侧面纵向构造钢筋、梁底面标高等)不适用于某跨或某外伸部位时,将其修正内容原位标注在该跨或该外伸部位,施工时原位标注取值优先。如图 3-16 所示,JL01 集中标注的截面尺寸为"300×500",第 3 跨原位标注为"300×400",表示第 3 跨发生了截面变化。

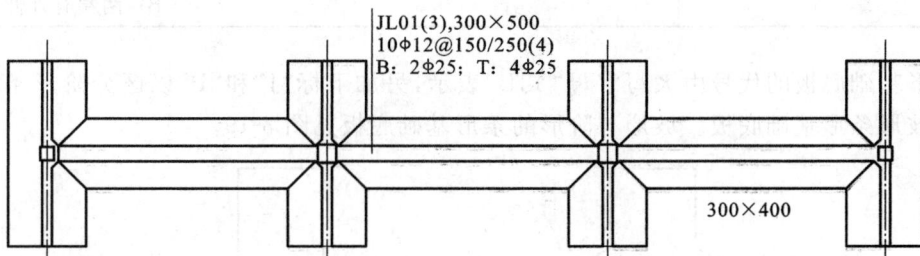

图 3-16 JL01 原位标注修正内容

2.条形基础底板平法识图

(1) 集中标注。

① 条形基础底板集中标注内容。

条形基础底板集中标注包括编号、截面竖向尺寸、配筋三项必注内容,如图 3-17 所示。

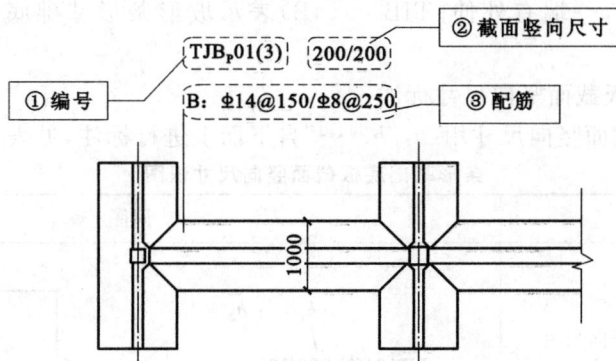

图 3-17 条形基础底板集中标注示意图

② 条形基础底板编号表示方法。

条形基础底板集中标注的第一项必注内容是基础梁编号,由"代号""序号""跨数及是否有外伸"三项内容组成,见图 3-18。

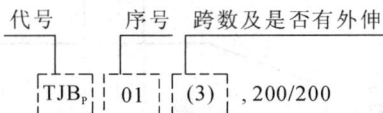

代号　序号　跨数及是否有外伸

$\boxed{TJB_P}$ $\boxed{01}$ $\boxed{(3)}$,200/200

图 3-18　条形基础底板编号平法标注

条形基础底板编号中的"代号""序号""跨数及是否有外伸"三项符号的具体表示方法见表 3-4。

表 3-4　　　　　　　　　　　　条形基础底板编号

条形基础底板类型	代号	序号	跨数及是否有外伸
阶形	TJB_J	××	(××):端部无外伸
坡形	TJB_P	××	(××A):一端有外伸 (××B):两端有外伸

条形基础底板的代号由大写字母"TJB"表示,另加下标"J"和"P"以区分阶形条形基础底板和坡形条形基础底板。坡形与阶形的条形基础底板见图 3-19。

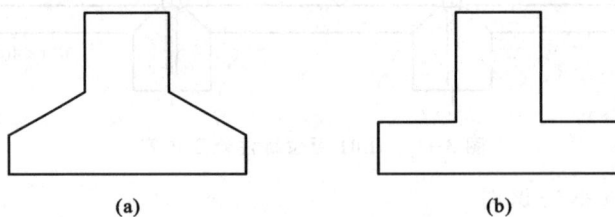

(a)　　　　　　　　　　　　　　　　(b)

图 3-19　条形基础底板
(a) 坡形;(b) 阶形

例如,TJB_J01(2)表示阶形条形基础底板 01,2 跨,端部无外伸;TJB_P02(3A)表示坡形条形基础底板 02,3 跨,一端有外伸;TJB_P03(4B)表示坡形条形基础底板 03,4 跨,两端有外伸。

③ 条形基础底板截面竖向尺寸标注。

条形基础底板截面竖向尺寸用"$h_1/h_2/\cdots$"自下而上进行标注,见表 3-5。

表 3-5　　　　　　　　　　　　条形基础底板截面竖向尺寸识图

分类	识图
坡形条形基础截面竖向尺寸	 h_1　h_2 TJB_P01(3),200/300 B: Φ14@150/Φ8@250　识图 →

分类	识图
单阶形条形基础截面竖向尺寸	
多阶形条形基础截面竖向尺寸	

④ 条形基础底板及顶部配筋。

条形基础底板配筋分两种情况:一种是只有底部配筋,另一种是双梁条形基础还有顶部配筋。以"B"打头注写条形基础底板底部的横向受力钢筋,以"T"打头注写条形基础底板顶部的横向受力钢筋。注写时,用"/"分隔条形基础底板的横向受力钢筋与构造配筋。

条形基础底板底部钢筋识图见图 3-20。

双梁条形基础平法施工图见图 3-21。

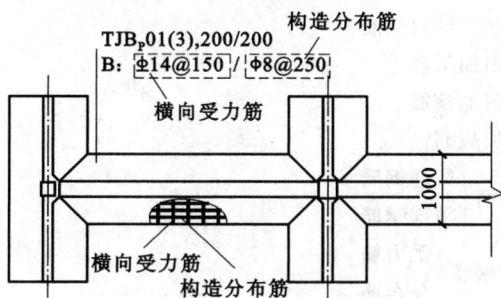

图 3-20 条形基础底板底部钢筋识图

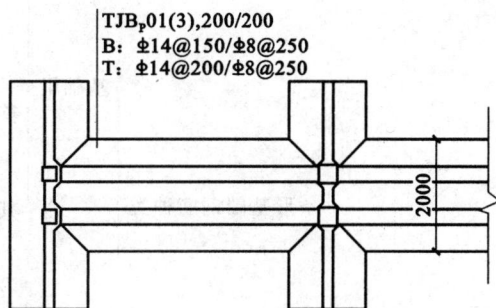

图 3-21 双梁条形基础平法施工图

(2) 原位标注。

① 条形基础底板的平面尺寸。

条形基础底板的原位标注要注写条形基础底板的平面尺寸,见图 3-22。

② 修正内容。

当在条形基础底板上集中标注的某项内容,如底板截面竖向尺寸、底板配筋、底板宽面标高等,不适用于条形基础底板的某跨或某外伸部分时,可将其修正内容原位标注在该跨或该外伸部位。

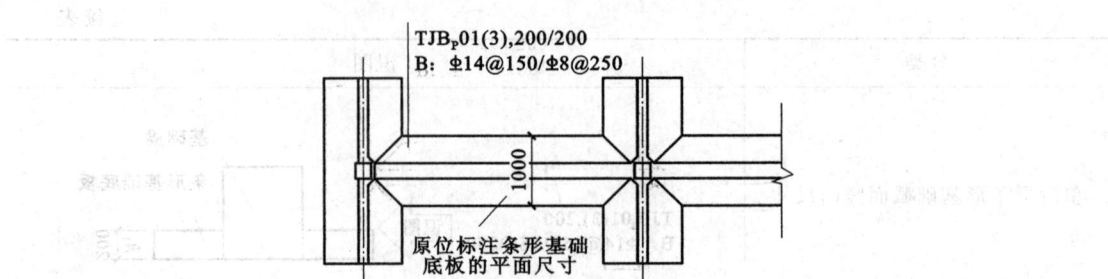

图 3-22　条形基础底板原位标注

3.2　计算条形基础钢筋工程量

3.2.1　条形基础钢筋体系

条形基础的钢筋构造是指条形基础的各种钢筋在实际工程中可能出现的各种构造情况，条形基础钢筋体系如图 3-23 所示。

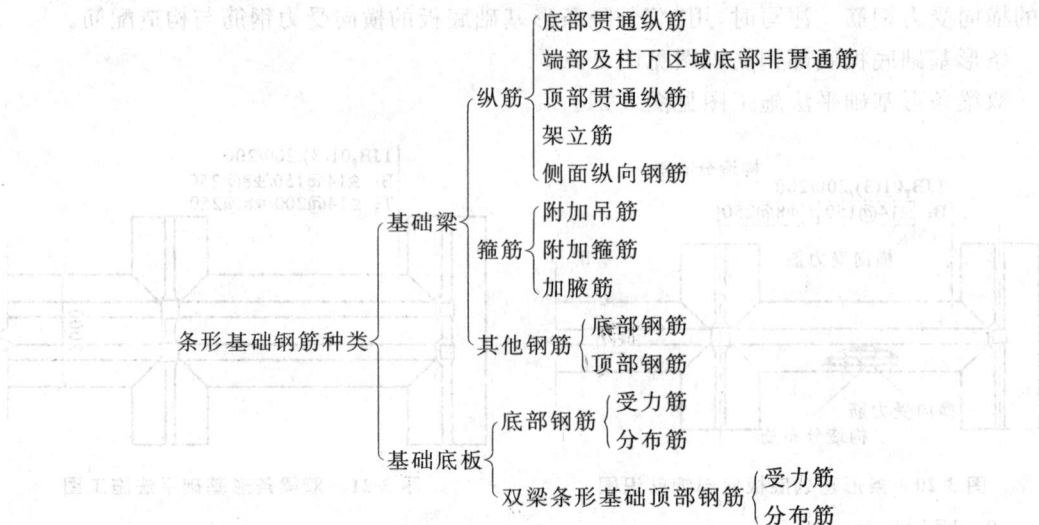

图 3-23　条形基础钢筋体系

3.2.2　基础梁钢筋构造

1.基础梁端部与外伸部位钢筋构造

基础梁端部与外伸部位钢筋构造见表 3-6。

表 3-6　　　　　　　　　　　　　　　　基础梁端部与外伸部位钢筋构造

名称	构造图
端部等截面外伸构造	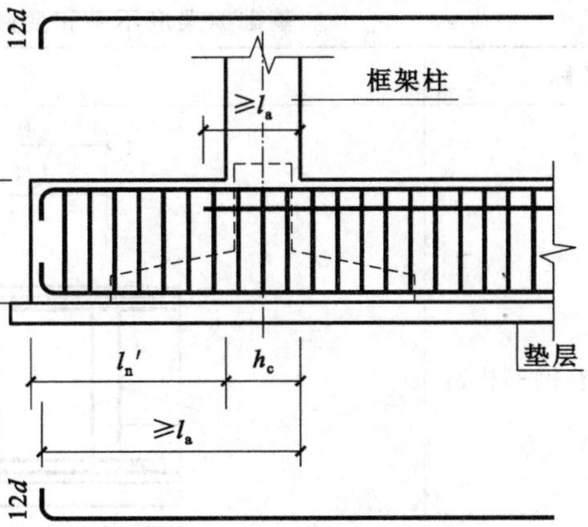
端部变截面外伸构造	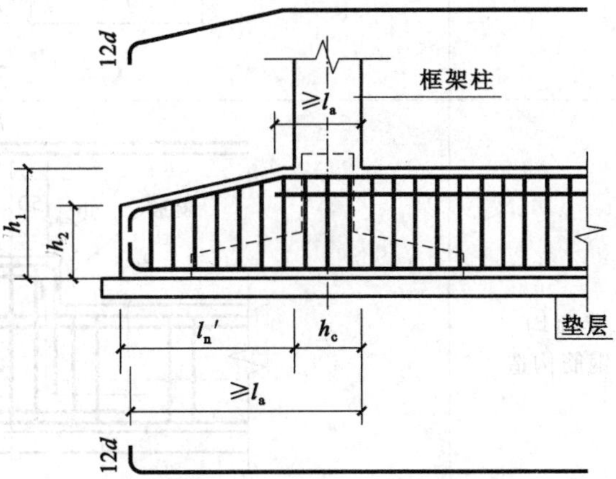
端部无外伸构造 （梁板式筏形基础梁端部 无外伸构造）	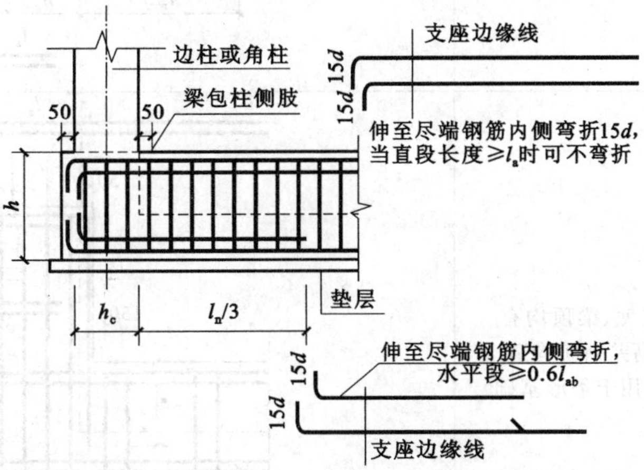
构造说明	端部等（变）截面外伸构造中，当从柱内边算起的梁端部外伸长度不满足直锚要求时，基础梁下部钢筋应伸至端部后弯折，且从柱内边算起水平段长度不小于 $0.6l_{ab}$，弯折段长度为 $15d$

2.基础梁梁底不平和变截面部位钢筋构造

基础梁梁底不平和变截面部位钢筋构造见表3-7。

表 3-7   基础梁梁底不平和变截面部位钢筋构造

名称	构造图
梁底有高差钢筋构造	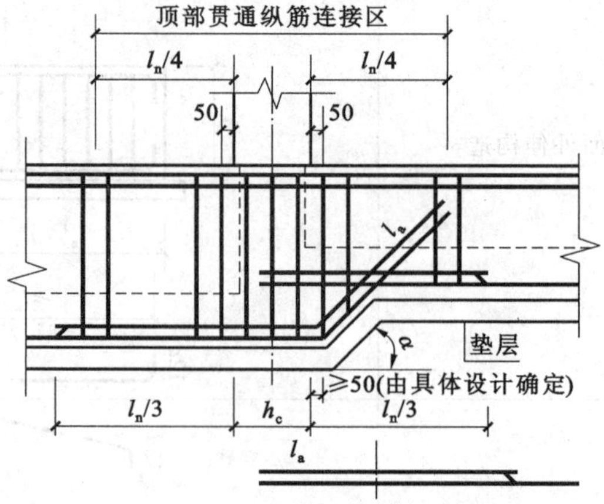 顶部贯通纵筋连接区 $l_n/4$　$l_n/4$ 50　50 $l_n/3$　h_c　$l_n/3$ $\geqslant 50$(由具体设计确定)　垫层 l_a
梁底、梁顶均有高差钢筋构造	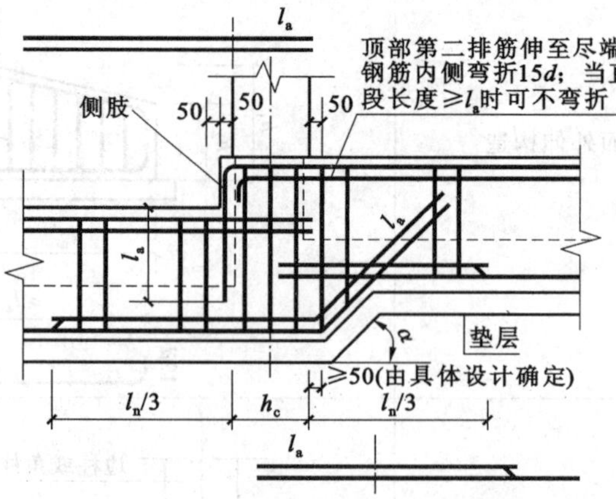 l_a 顶部第二排筋伸至尽端钢筋内侧弯折$15d$;当直段长度$\geqslant l_a$时可不弯折 侧肢　50　50　50 l_a　l_a $l_n/3$　h_c　$l_n/3$ $\geqslant 50$(由具体设计确定)　垫层 l_a
梁底、梁顶均有高差钢筋构造（仅用于条形基础）	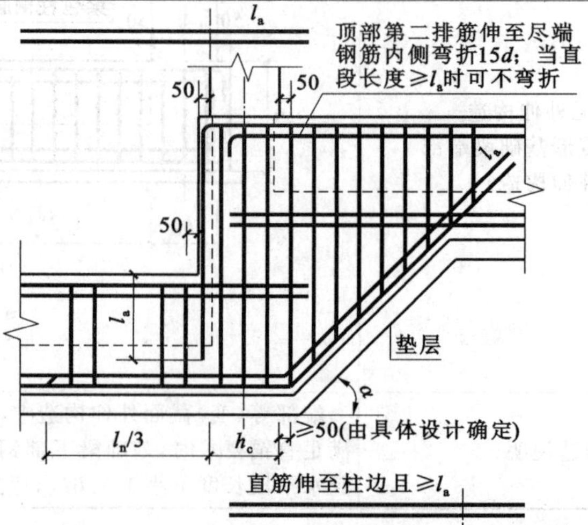 l_a 顶部第二排筋伸至尽端钢筋内侧弯折$15d$;当直段长度$\geqslant l_a$时可不弯折 50　50 50 l_a $l_n/3$　h_c $\geqslant 50$(由具体设计确定)　垫层 直筋伸至柱边且$\geqslant l_a$

续表

名称	构造图
梁顶有高差钢筋构造	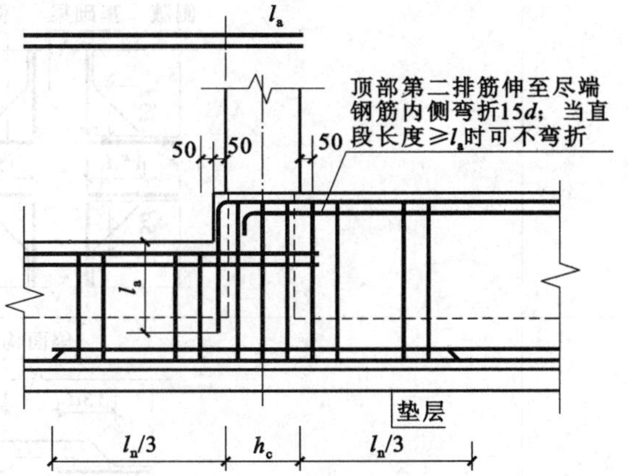
柱两边梁宽不同钢筋构造	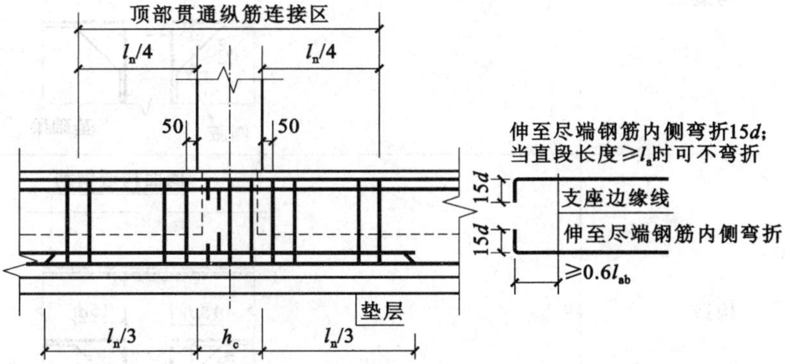
构造说明	1.当基础梁变标高及变截面形式与上图不同时,其构造应由设计者另行设计;如果要求施工方参照上图的构造方式,则应提供相应改动的变更说明。 2.梁底高差坡度根据场地实际情况可取 30°、45°或 60°

3.基础梁侧面构造纵筋和拉筋构造

基础梁侧面构造纵筋和拉筋构造见表 3-8。

表 3-8　　　　　　基础梁侧面构造纵筋和拉筋构造

名称	构造图
基础梁侧面构造纵筋和拉筋	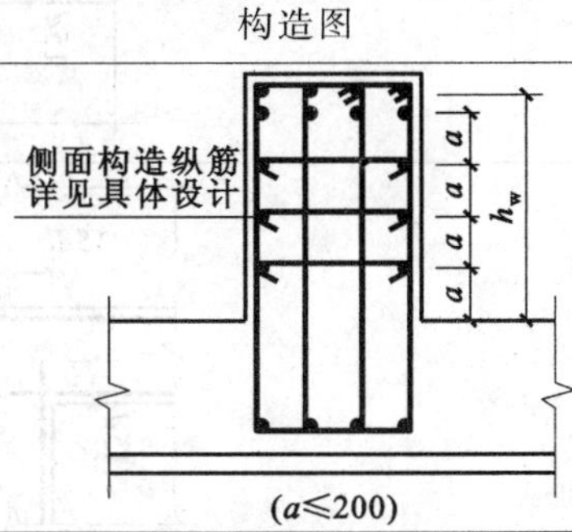

名称	构造图
构造一	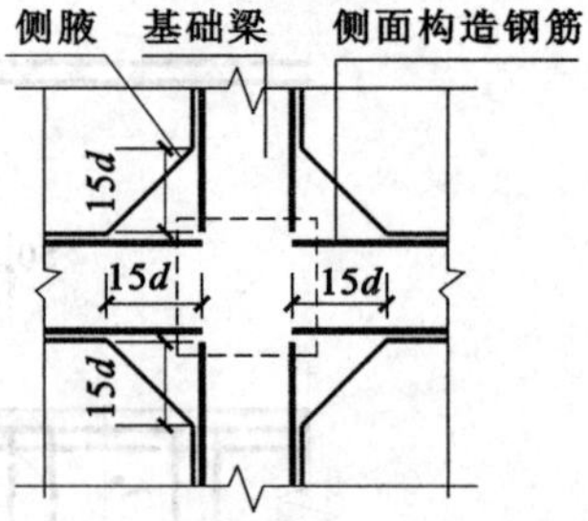
构造二	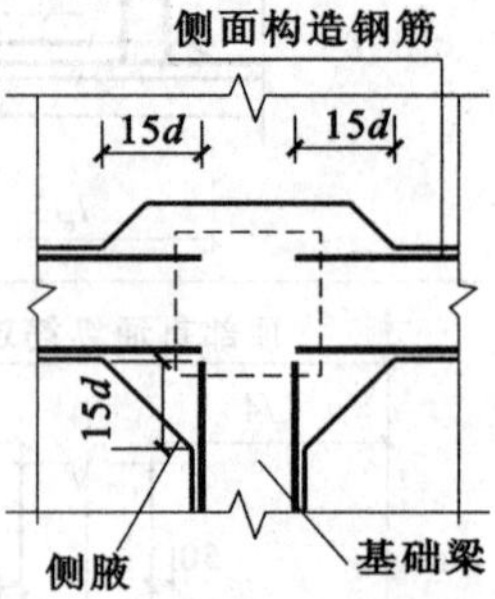
构造三	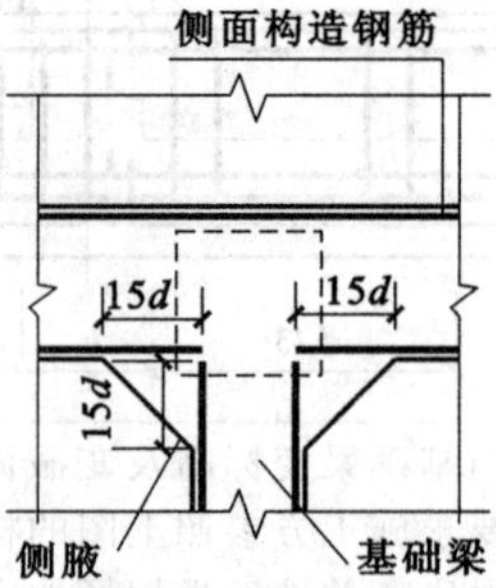
构造四	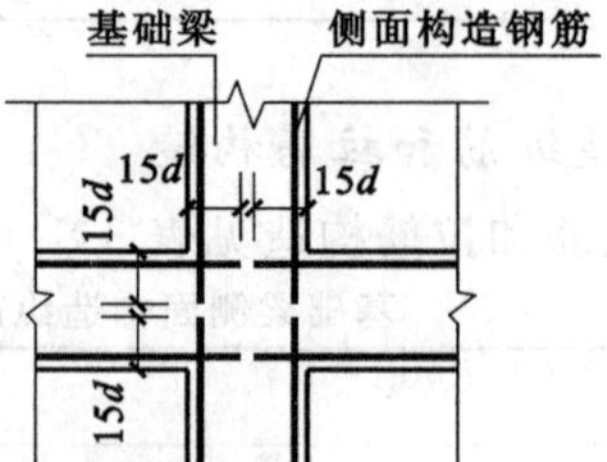
构造五	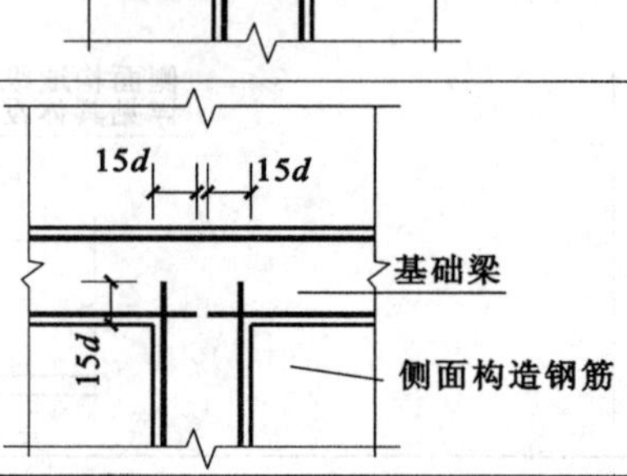

名称	构造图
构造说明	1. 基础梁侧面纵向构造钢筋搭接长度为 $15d$。十字相交的基础梁,当相交位置有柱时,侧面构造纵筋锚入梁包柱侧腋内 $15d$(如构造一);当无柱时,侧面构造纵筋锚入交叉梁内 $15d$(如构造四)。丁字相交的基础梁,当相交位置无柱时,横梁外侧的构造纵筋应贯通,横梁内侧的构造纵筋锚入交叉梁内 $15d$(如构造五)。 2. 梁侧钢筋的拉筋直径除注明外均为 8 mm,间距为箍筋间距的 2 倍。当设计有多排拉筋时,上下两排拉筋竖向错开设置。 3. 基础梁侧面受扭纵筋的搭接长度为 l_l,其锚固长度为 l_a,锚固方式同梁上部纵筋

4. 基础梁与柱结合部侧腋构造

基础梁与柱结合部侧腋构造见表 3-9。

表 3-9 基础梁与柱结合部侧腋构造

名称	构造图
十字交叉基础梁与柱结合部侧腋构造	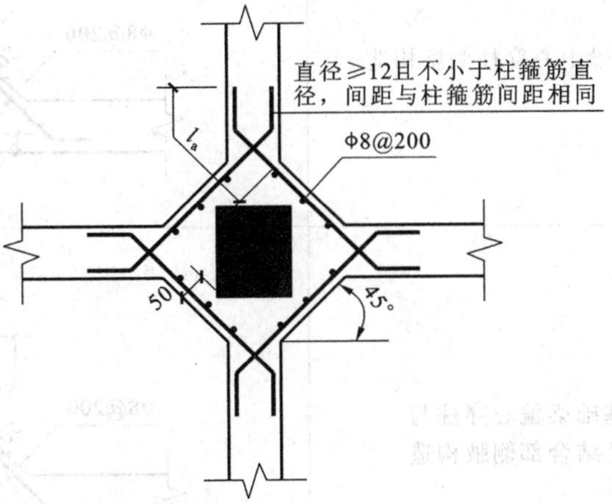
丁字交叉基础梁与柱结合部侧腋构造	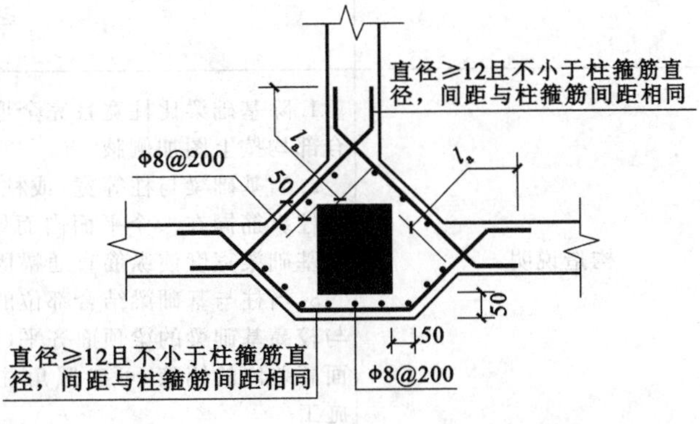

名称	构造图
无外伸基础梁与 角柱结合部侧腋构造	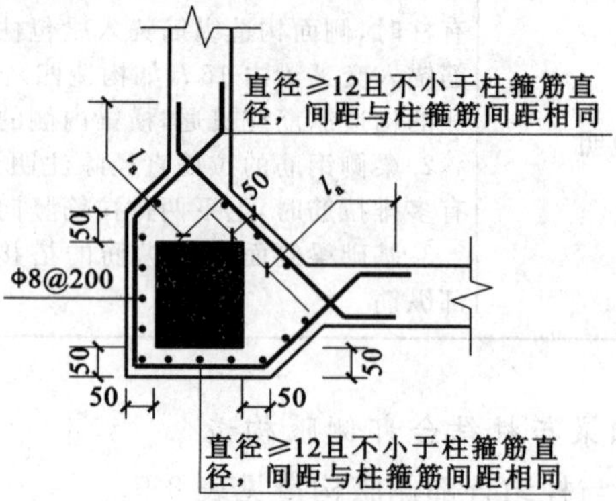 直径≥12且不小于柱箍筋直径，间距与柱箍筋间距相同 Φ8@200 50 50 直径≥12且不小于柱箍筋直径，间距与柱箍筋间距相同
基础梁中心穿柱侧腋构造	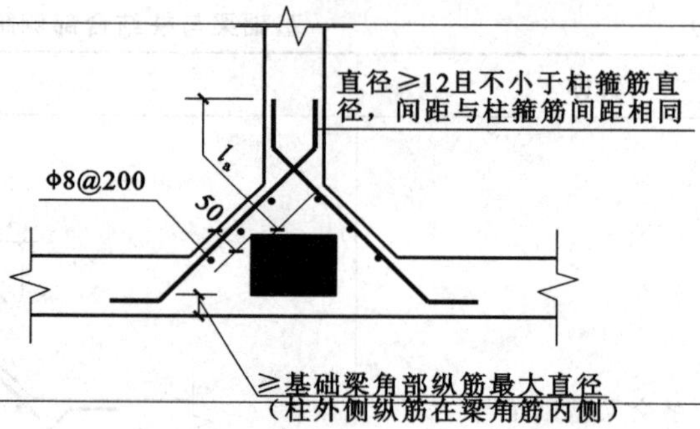 直径≥12且不小于柱箍筋直径，间距与柱箍筋间距相同 Φ8@200 50 ≥基础梁角部纵筋最大直径 （柱外侧纵筋在梁角筋内侧）
基础梁偏心穿柱与 柱结合部侧腋构造	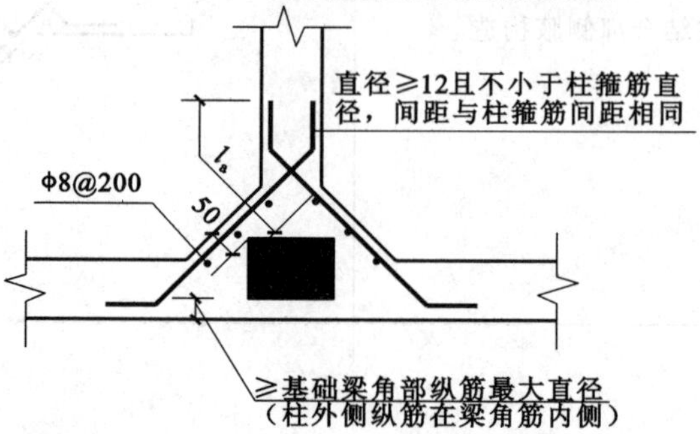 直径≥12且不小于柱箍筋直径，间距与柱箍筋间距相同 Φ8@200 50 ≥基础梁角部纵筋最大直径 （柱外侧纵筋在梁角筋内侧）
构造说明	1.除基础梁比柱宽且完全形成梁包柱的情况外,所有基础梁与柱结合部均按上图加侧腋。 2.当基础梁与柱等宽,或柱与梁的某一侧面相平时,存在因梁纵筋与柱纵筋同在一个平面内而导致直通交叉遇阻的情况,此时应适当调整基础梁宽度使纵筋直通锚固。 3.当柱与基础梁结合部位的梁顶面高度不同时,梁包柱侧腋顶面应与较高基础梁的梁顶面齐平(即在同一平面上),侧腋顶面至较低梁顶面高差内的侧腋,可参照角柱或丁字交叉基础梁包柱侧腋构造进行施工

5.基础梁箍筋构造

基础梁箍筋构造见表 3-10。

表 3-10 基础梁箍筋构造

钢筋构造要点	构造图
1．箍筋起步距离为 50 mm。 2．基础梁变截面外伸、梁高加腋位置，箍筋高度渐变。 3．节点区域箍筋按梁端第一种箍筋设置。 4．当纵筋采用搭接连接时，箍筋直径不小于 $d/4$（d 为搭接钢筋最大直径）；箍筋间距不大于搭接钢筋较小直径的 5 倍，且不大于 100 mm；当受压钢筋直径大于 25 mm 时，尚应在搭接接头两个端面外 100 mm 的范围内各设置两道箍筋	

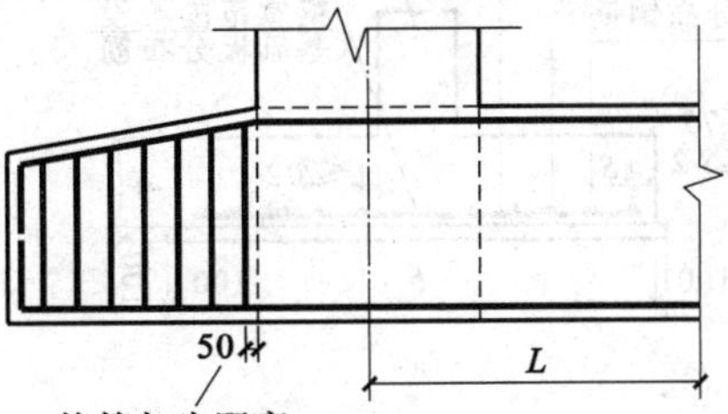

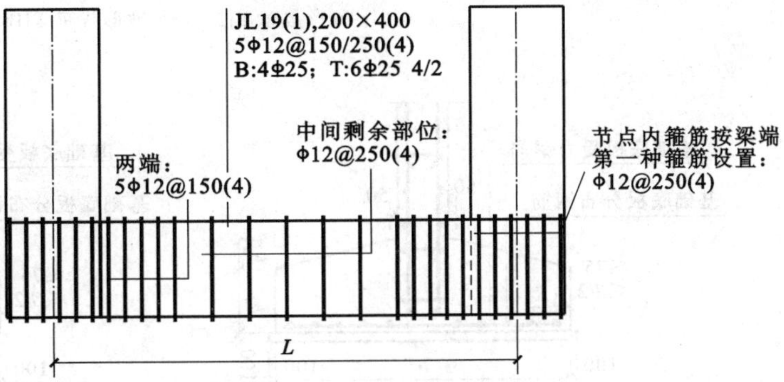

3.2.3 条形基础底板钢筋构造

1.条形基础底板钢筋构造情况总述

条形基础底板钢筋的构造情况如表 3-11 所示。

表 3-11 条形基础底板钢筋构造情况

条形基础底板交接处钢筋构造	转角（两向无外伸）	梁下
		墙下
	丁字交接	梁下
		墙下
	十字交接	梁下（也适用于转角，均有外伸）
		墙下
条形基础底板宽度（≥2500 mm）		受力筋缩减 10%
条形基础底板端部钢筋构造		端部无交接底板
条形基础底板不平钢筋构造		

2.条形基础底板配筋横断面构造

条形基础底板配筋横断面图如图 3-24 和图 3-25 所示。

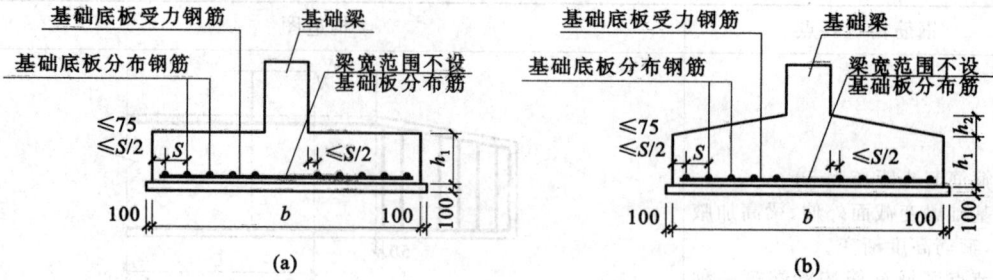

图 3-24　一般条形基础底板配筋横断面图

（a）阶形截面 TJB_J；（b）坡形截面 TJB_P

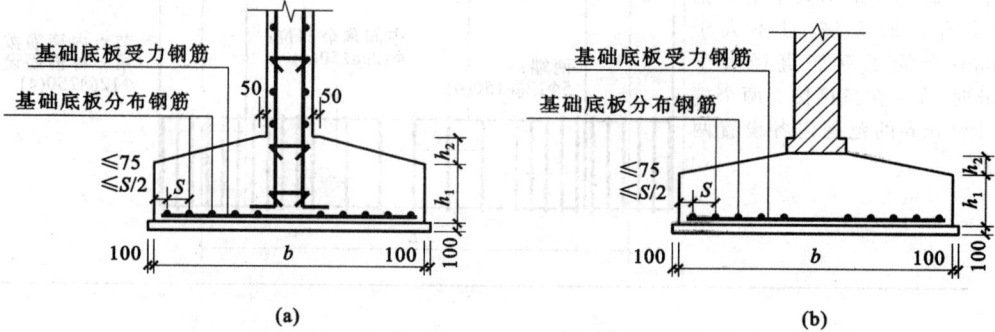

图 3-25　墙下条形基础底板配筋横断面图

（a）剪力墙下条形基础截面；（b）砌体墙下条形基础截面

3.条形基础底板转角交接（两向无外伸）钢筋构造

条形基础底板转角交接（两向无外伸）钢筋构造见表 3-12。

表 3-12　　　　　　　　条形基础底板转角交接（两向无外伸）钢筋构造

平法施工图

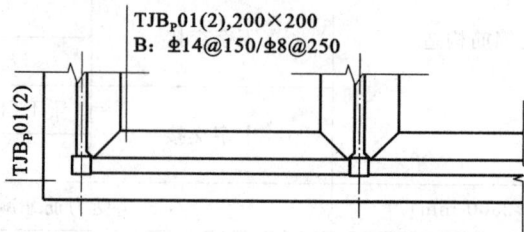

$TJB_P01(2),200×200$
B: $\Phi14@150/\Phi8@250$

钢筋构造要点	构造图
一般情况： 1.条形基础底板钢筋起步距离取 $S/2$（S 为钢筋间距）； 2.在两向受力钢筋交接处的网状部位，分布钢筋与同向受力钢筋的搭接长度为 150 mm； 3.分布钢筋在梁宽范围内不布置	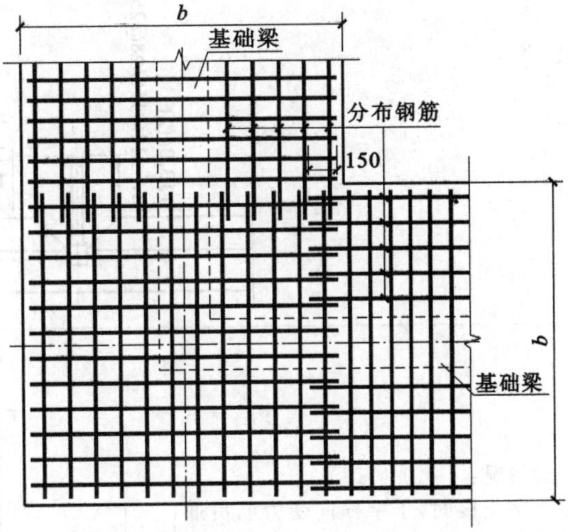
墙下条形基础： 1.条形基础底板钢筋起步距离取 $S/2$（S 为钢筋间距）； 2.在两向受力钢筋交接处的网状部位，分布钢筋与同向受力钢筋的搭接长度为 150 mm； 3.分布钢筋在墙厚范围内也需布置	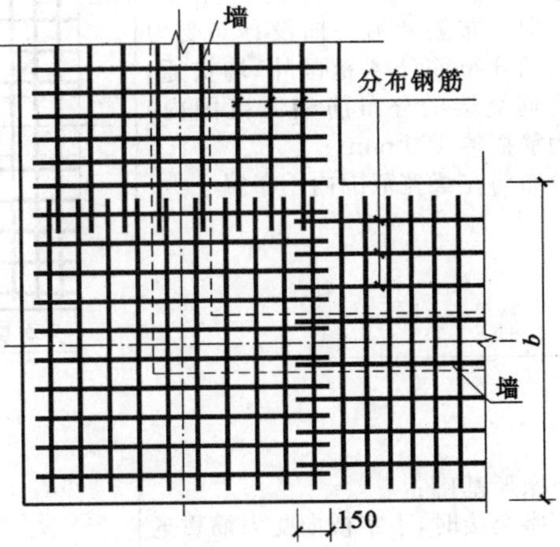

4.条形基础底板丁字交接钢筋构造

条形基础底板丁字交接钢筋构造见表3-13。

表 3-13   条形基础底板丁字交接钢筋构造

平法施工图

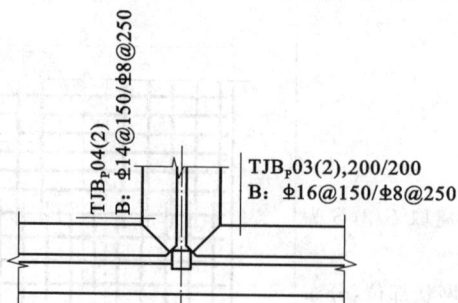

一般情况：

1.丁字交接时,丁字横向受力筋贯通布置,丁字竖向受力筋在交接处伸入 $b/4$ 范围布置；

2.一向分布筋和另一向没有与受力筋交接的分布筋（$b/4$ 范围外）均贯通,与受力筋交接的分布筋（$b/4$ 范围内）与受力筋搭接 150 mm；

3.分布筋在梁宽范围内不布置

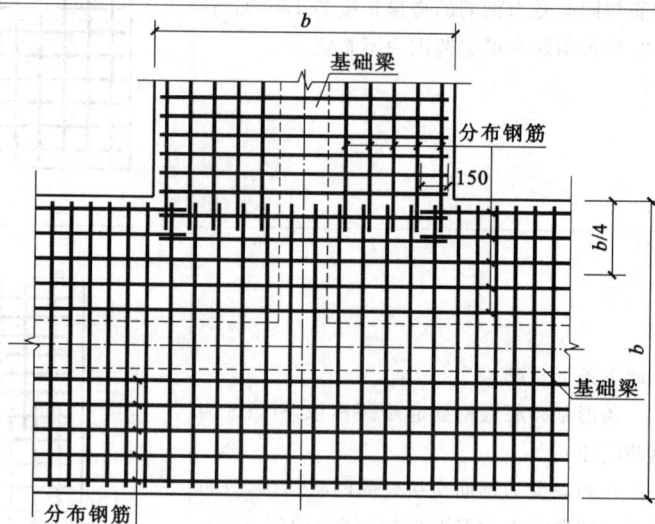

墙下条形基础：

1.丁字交接时,丁字横向受力筋贯通布置,丁字竖向受力筋在交接处伸入 $b/4$ 范围布置；

2.一向分布筋和另一向没有与受力筋交接的分布筋（$b/4$ 范围外）均贯通,与受力筋交接的分布筋（$b/4$ 范围内）与受力筋搭接 150 mm；

3.分布筋在墙厚范围内也需布置

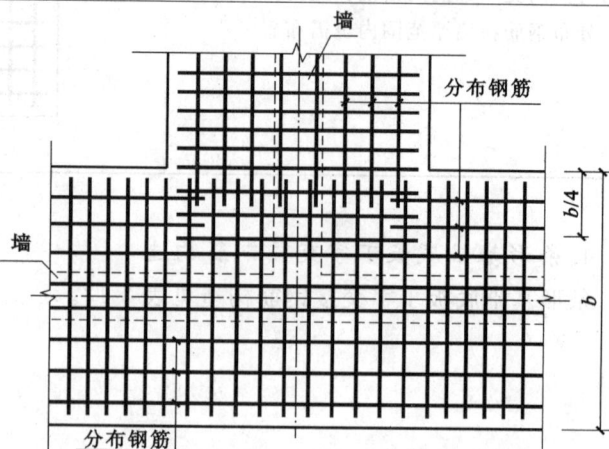

5.条形基础底板十字交接钢筋构造

条形基础底板十字交接钢筋构造见表 3-14。

表 3-14 　　　　　　　　　条形基础底板十字交接钢筋构造

平法施工图

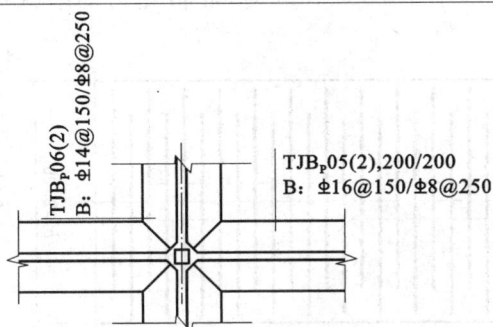

TJB$_p$06(2)
B: Φ14@150/Φ8@250

TJB$_p$05(2),200/200
B: Φ16@150/Φ8@250

钢筋构造要点	构造图
一般情况： 1.十字交接时，一向受力筋贯通布置，另一向受力筋在交接处伸入 $b/4$ 范围布置； 2.在未说明哪向受力筋贯通布置时按较大的受力筋贯通布置； 3.没有与受力筋交接的分布筋（$b/4$ 范围外）均贯通，与受力筋交接的分布筋（$b/4$ 范围内）与受力筋搭接 150 mm； 4.分布筋在梁宽范围内不布置	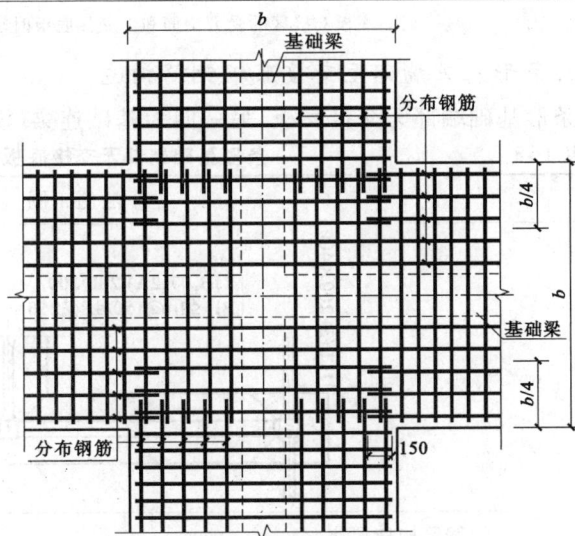
墙下条形基础： 1.十字交接时，一向受力筋贯通布置，另一向受力筋在交接处伸入 $b/4$ 范围布置； 2.在未说明哪向受力筋贯通布置时按较大的受力筋贯通布置； 3.没有与受力筋交接的分布筋（$b/4$ 范围外）均贯通，与受力筋交接的分布筋（$b/4$ 范围内）与受力筋搭接 150 mm； 4.分布筋在墙厚范围内也需布置	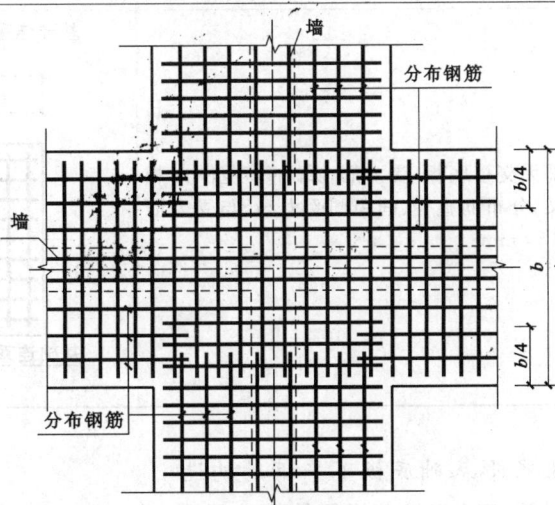

6.条形基础底板受力筋缩减10%构造

当条形基础底板宽度不小于2500 mm时,底板受力筋缩减10%交错配置,如图3-26所示。

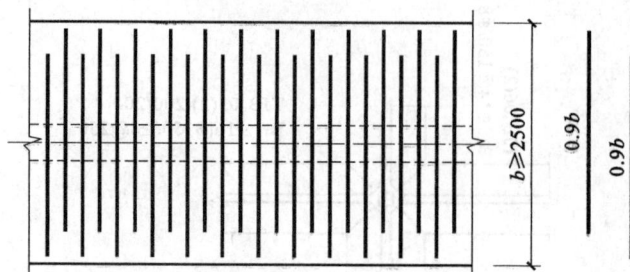

图3-26 条形基础底板受力筋缩减10%构造

(注:底板交接区的受力钢筋和无交接底板时端部第一根钢筋不应减短。)

7.条形基础端部无交接底板钢筋构造

条形基础端部无交接底板,另一向为基础连梁(没有基础底板),其钢筋构造见表3-15。

表3-15 条形基础端部无交接底板钢筋构造

平法施工图
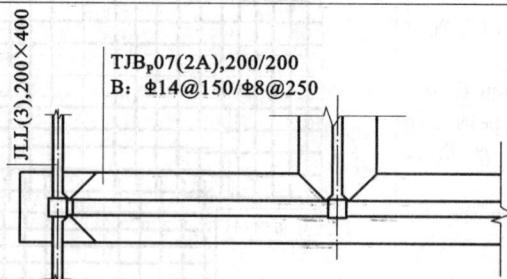

钢筋构造要点	构造图
端部无交接底板,受力筋在端部 b 范围内相互交叉,分布筋直径、间距同受力筋,与受力筋搭接150 mm	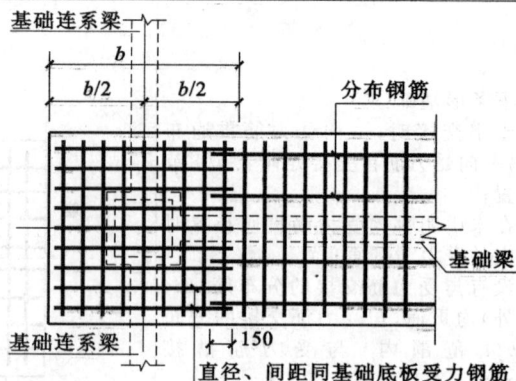

8.条形基础底板不平钢筋构造

条形基础底板不平钢筋构造见表3-16。

表 3-16   条形基础底板不平钢筋构造

平法施工图

TJB_P11(2),300/300
B: ⊈14@150/⊈8@250

1000

(−0.2)

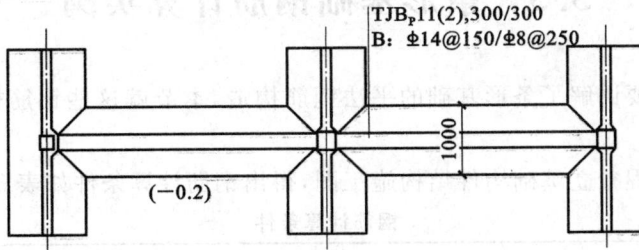

钢筋构造要点	构造图
条形基础底板不平的位置，用与底板受力筋规格相同的钢筋进行连接，与分布筋搭接 150 mm	

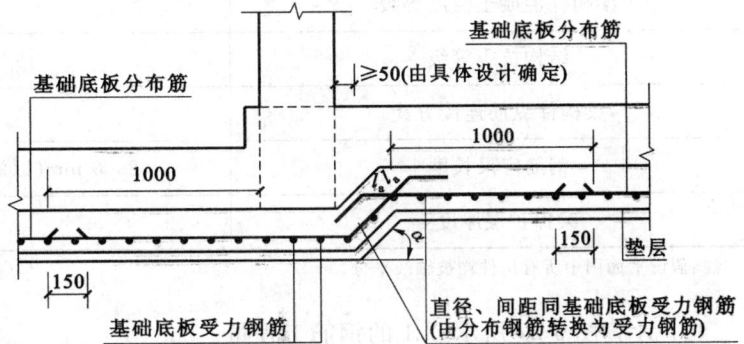

基础底板分布筋
≥50(由具体设计确定)
1000
1000
150
150 垫层
基础底板受力钢筋
直径、间距同基础底板受力钢筋
(由分布钢筋转换为受力钢筋)
柱下条形基础底板板底不平钢筋构造
（板底高差坡度 α 取 45°或按设计确定）

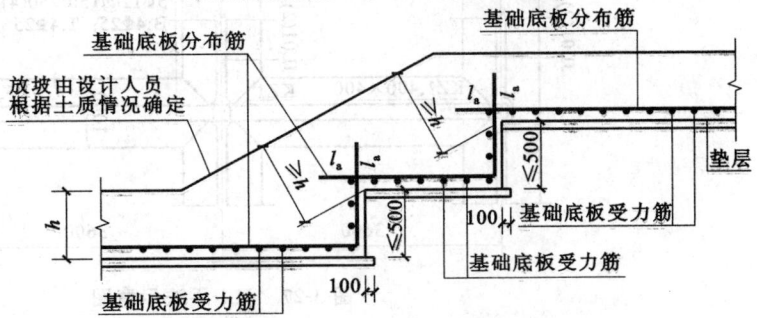

基础底板分布筋
放坡由设计人员根据土质情况确定
≤500
≤500
100
100
基础底板受力筋
墙下条形基础底板板底不平钢筋构造(一)

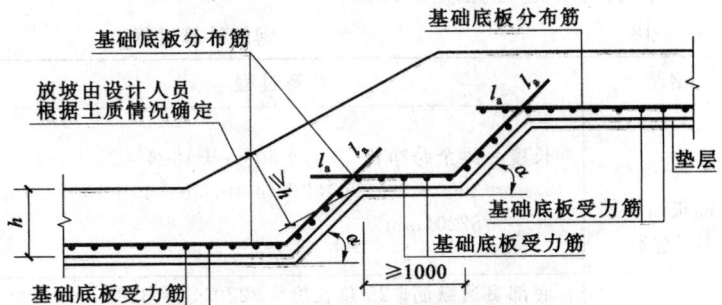

基础底板分布筋
放坡由设计人员根据土质情况确定
垫层
基础底板受力筋
≥1000
墙下条形基础底板板底不平钢筋构造(二)
（板底高差坡度 α 取 45°或按设计确定）

71

3.3 条形基础钢筋计算实例

本章 3.2 节主要讲解了条形基础的平法钢筋构造,本节就这些钢筋构造情况进行举例计算。

假设根据某工程独立基础构件结构施工图,得出钢筋计算条件如表 3-17 所示。

表 3-17   钢筋计算条件

计算条件	数据
梁构件混凝土强度等级	C30
结构抗震等级	二级
梁构件纵筋连接方式	焊接
钢筋定尺长度	8000 mm(以湖南省消耗量标准为例)
梁保护层厚度 c	40 mm

注:假设平面图中所有构件均被轴线平分。

(1) 计算图 3-27 所示 JL1 的钢筋工程量。

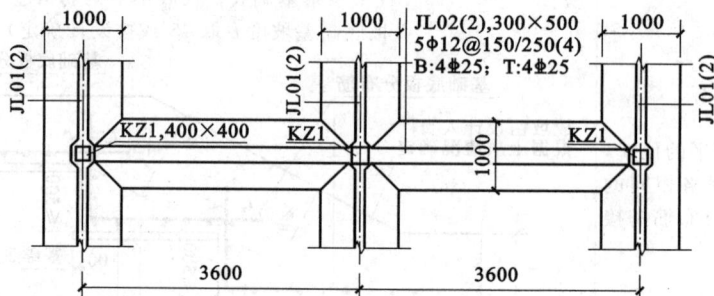

图 3-27   JL1 平法示意图

① 钢筋计算过程见表 3-18。

表 3-18   钢筋计算过程

钢筋	计算过程	说明
底部贯通纵筋 B:4Φ25	长度=梁全跨净长+$(h_c+50-c+15d)\times 2$ =3600×2-200×2+(400+50-40+15×20)×2 =8220(mm) 底部贯通纵筋Φ25 总长度=8220×4=32880(mm) =32.88 m	左、右两端均为无外伸构造,钢筋伸至柱侧腋(50 mm)弯折 15d。 左、右两端有梁包柱侧腋 50 mm,钢筋伸至尽端弯折 15d

钢筋	计算过程	说明
顶部贯通纵筋 T:4⊕25	长度＝梁全跨净长＋$(h_c+50-c+15d)\times 2$ 　　＝$3600\times 2-200\times 2+(400+50-40+15\times 20)\times 2$ 　　＝8220(mm) 顶部贯通纵筋⊕25 总长度＝$8220\times 4=32880$(mm) 　　　　　　　　　　　　＝32.88 m	左、右两端均为无外伸构造,钢筋伸至柱侧腋(50 mm)弯折 $15d$。 左、右两端有梁包柱侧腋 50 mm,钢筋伸至尽端弯折 $15d$
箍筋 5⊕12@150/ 250(4)	1.箍筋长度： 双肢筋长度计算公式 外大箍的计算长度＝$(b-2c)\times 2+(h-2c)\times 2+$ 　　　　　　　　　　$(\max\{10d,75\}+1.9d)\times 2$ 内小箍的计算长度＝$[(b-2c-2d-D)/3+D+2d]\times$ 　　　　　　　　　　$2+(h-2c)\times 2+(\max\{10d,75\}+$ 　　　　　　　　　　$1.9d)\times 2$ 其中,d 为箍筋直径,mm;D 为底部贯通纵筋直径,mm。 外大箍计算长度＝$(300-2\times 40)\times 2+(500-2\times 40)\times$ 　　　　　　　　　$2+11.9\times 12\times 2=1565.6$(mm) 内小箍计算长度＝$[(300-2\times 40-2\times 12-25)/3+$ 　　　　　　　　　$25+2\times 12]\times 2+(500-2\times 40)\times$ 　　　　　　　　　$2+11.9\times 12\times 2=1337.6$(mm)	
	2.箍筋根数： 总根数＝$(10+7)\times 2+4\times 3=46$(根) 单跨根数: 两端已知根数＝$5\times 2=10$(根) 中间计算根数＝$(3600-200\times 2-50\times 2-150\times 4\times 2)/$ 　　　　　　　$250-1=7$(根) 柱节点内根数＝$400/150+1=4$(根) 箍筋⊕12 总长度＝$(1565.6+1337.6)\times 46$ 　　　　　　　　＝133547.2(mm)＝133.55 m	箍筋在柱梁相交节点处的起步距离为 50 mm

② 钢筋汇总表如表 3-19 所示。

表 3-19　　　　　　　　　　　　**JL1 钢筋汇总表**

钢筋规格	钢筋比重/(kg/m)	钢筋名称	重量计算式	总重/kg
⊕12	0.888	箍筋	$133.55\times 0.888=118.59$	118.59
⊕25	3.853	底部贯通纵筋	$32.88\times 3.853=126.69$	126.69
⊕25	3.853	顶部贯通纵筋	$32.88\times 3.853=126.69$	126.69

（2）计算图 3-28 所示 TJB$_P$01 的钢筋工程量。

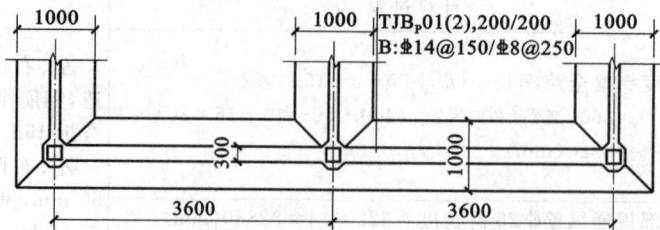

图 3-28　TJB$_P$01 平法示意图

① 钢筋计算过程见表 3-20。

表 3-20　　　　　　　　　　　　　　　　　钢筋计算过程

钢筋	计算过程	说明
条形基础底板受力钢筋 B:$\oplus$14@150	1.受力钢筋长度： 受力钢筋长度＝基础底板宽－2c＝1000－2×40＝920(mm)	1. 受力钢筋平行于基础底板宽度方向； 2. 受力钢筋分布在梁全长范围内,包括两向基础底板相交处
	2.受力钢筋根数： 单跨净长段根数＝（3600－500×2－2×150/2)/150＋1＝18（根） 柱下交接处根数＝(1000－2×150/2)/150＋1＝7（根） 合计：18×2＋7×3＝57（根）	
	条形基础底板受力钢筋$\oplus$14 总长度＝920×57＝52440(mm) ＝52.44 m	
条形基础底板分布钢筋 B:$\oplus$8@250	1.分布钢筋长度： 第一跨内侧分布钢筋长度＝单跨基础净长＋2×150＝3600－500× 　　　　　　　　　　　　　2＋40×2＋150×2＝2980(mm) 第二跨内侧分布钢筋长度＝单跨基础净长＋2×150＝3600－500× 　　　　　　　　　　　　　2＋40×2＋150×2＝2980(mm) 外侧分布钢筋长度＝单跨基础净长＋2×150＝3600×2－500×2＋ 　　　　　　　　　　40×2＋150×2＝6580(mm)	1. 分布钢筋平行于基础底板长度方向,与另一向基础底板受力筋搭接 150 mm； 2. 受力钢筋分布在基础梁两侧的基础底板范围内
	2.分布钢筋根数： 内侧根数＝2根 外侧根数＝2根 每侧分布钢筋根数＝[（1000－300）/2－250/2－min{75,250/2}]/ 　　　　　　　　　250＋1＝2(根)	
	条形基础底板分布钢筋$\oplus$8 总长度＝2980×2＋2980×2＋6580×2 ＝25080(mm)＝25.08 m	

② 钢筋汇总表如表 3-21 所示。

表 3-21　　　　　　　　　　　　　　　TJB$_P$01 钢筋汇总表

钢筋规格	钢筋比重/(kg/m)	钢筋名称	重量计算式	总重/kg
$\oplus$8	0.395	底板分布钢筋	25.08×0.395＝9.91	9.91
$\oplus$14	1.578	底板受力钢筋	52.44×1.578＝82.75	82.75

4 柱 构 件

4.1 识读柱构件平法施工图

4.1.1 柱构件平法识图知识体系

1. 柱构件的概念和分类

柱是建筑物中垂直的主结构件,承托上方其他构件的重量,主要分为框架柱、转换柱、芯柱、梁上柱和剪力墙上柱。

框架柱是在框架结构中承受梁和板传来的荷载,并将荷载传给基础的竖向支撑结构。

转换柱包括部分框支剪力墙结构中的框支柱和框架-核心筒、框架-剪力墙结构中支承托柱转换梁的柱。

芯柱是在框架柱截面中三分之一左右的核心部位配置附加纵向钢筋及箍筋而形成的内部加强区域。

由于某些原因,建筑物的底部没有柱子,到了某一层后又需要设置柱子,那么柱子只能从下一层的梁上生根,这种柱子被称为“梁上柱”;如果是从下一层的剪力墙上生根,则这种柱子被称为剪力墙上柱。

框架柱按所处的位置不同可分为中柱、边柱和角柱三种,如图 4-1 所示。

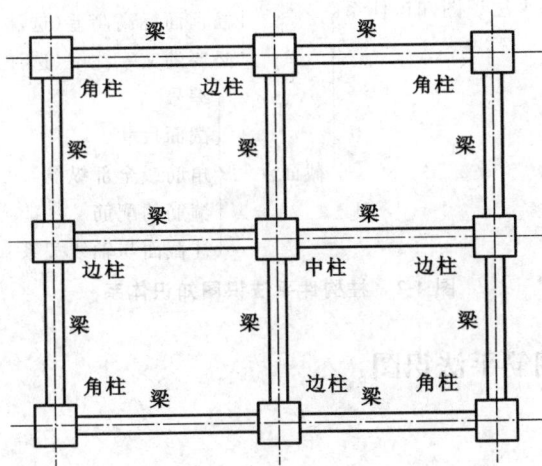

图 4-1 框架柱示意图

2.柱构件平法施工图表示方法

柱平法施工图是在柱平面布置图上采用列表注写方式或截面注写方式表达的施工图。

柱平面布置图,可采用适当比例单独绘制,也可与剪力墙平面布置图合并绘制。

在柱平法施工图中,应按照规定注明各结构层的楼面标高、结构层高及相应的结构层号,尚应注明上部结构嵌固部位位置。

上部结构嵌固部位的注写应符合下列规定:框架柱嵌固部位在基础顶面时,无须注明;框架柱嵌固部位不在基础顶面时,在层高表嵌固部位标高下使用双细线注明,并在层高表下注明上部结构嵌固部位标高;框架柱嵌固部位不在地下室顶板,但仍需考虑地下室顶板对上部结构实际存在嵌固作用时,可在层高表地下室顶板标高下使用双虚线注明,此时,首层柱端箍筋加密区长度范围及纵筋连接位置均按嵌固部位要求设置。

3.柱构件平法施工图表达的内容

(1)图名和比例。柱平法施工图的比例应与建筑平面图相同。

(2)定位轴线及其编号、间距尺寸。

(3)柱的编号和应反映柱与轴线直线关系的平面布置。

(4)每一种编号柱的标高、截面尺寸、纵向钢筋和箍筋的配置情况。

(5)必要的设计说明。

4.柱构件平法识图的知识体系

柱构件平法识图的知识体系如图 4-2 所示。

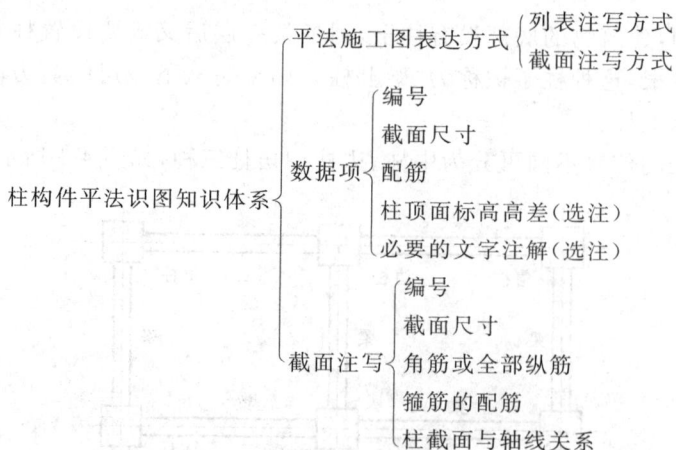

图 4-2　柱构件平法识图知识体系

4.1.2　柱构件钢筋平法识图

1.列表注写方式

列表注写方式,是在柱平面布置图上(一般只需采用适当比例绘制一张柱平面布置图,包括框架柱、框支柱、梁上柱和剪力墙上柱),分别在同一编号的柱中选择一个(有时需要选择几个）截面标注几何参数代号，在柱表中注写柱编号、柱段起止标高、几何尺寸（含柱截面对轴线的偏心情况）与配筋的具体数值，并配以各种柱截面形状及其箍筋类型图的方式，以表达柱平法施工图，如图4-3所示。

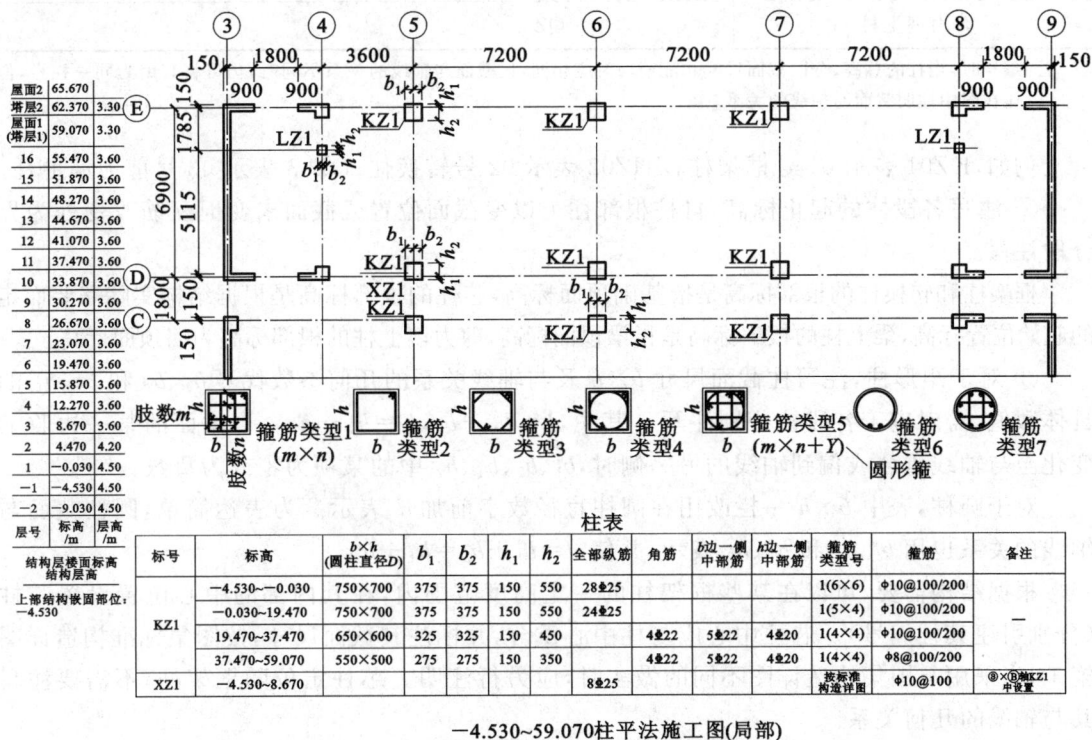

柱表

标号	标高	$b×h$ (圆柱直径D)	b_1	b_2	h_1	h_2	全部纵筋	角筋	b边一侧 中部筋	h边一侧 中部筋	箍筋 类型号	箍筋	备注
KZ1	−4.530~−0.030	750×700	375	375	150	550	28Φ25				1(6×6)	Φ10@100/200	
	−0.030~19.470	750×700	375	375	150	550	24Φ25				1(5×4)	Φ10@100/200	
	19.470~37.470	650×600	325	325	150	450		4Φ22	5Φ22	4Φ20	1(4×4)	Φ10@100/200	—
	37.470~59.070	550×500	275	275	150	350		4Φ22	5Φ22	4Φ20	1(4×4)	Φ8@100/200	
XZ1	−4.530~8.670						8Φ25				按标准 构造详图	Φ10@100	⑧×Ⓑ轴KZ1 中设置

—4.530~59.070柱平法施工图(局部)

图 4-3 柱列表注写方式示意图

（1）柱列表注写方式主要由四个部分组成，即柱平面图、箍筋类型图、层高与标高表和柱表。

柱平面图上注明了本图适用的标高范围，根据这个标高范围，结合"层高与标高表"，判断柱构件在标高上位于的楼层；箍筋类型图主要用于说明工程中要用到的各种箍筋的组合方式，每个构件采用的箍筋在柱列表中注明；层高与标高表和柱平面图、柱表对照使用；柱表是最主要的组成部分，用以表达柱构件具体的相关信息，包括截面尺寸、标高、配筋等。

（2）柱表注写内容规定如下。

① 注写柱编号，柱编号由代号和序号组成，如表4-1所示。

表 4-1 柱编号

柱类型	代号	序号
框架柱	KZ	××
转换柱	ZHZ	××
芯柱	XZ	××

77

柱类型	代号	序号
梁上柱	LZ	××
剪力墙上柱	QZ	××

注：编号时，当柱的总高、分段截面尺寸和配筋均对应相同，仅截面与轴线的关系不同时，仍可将其编为同一柱号，但应在图中注明截面与轴线的关系。

例如，KZ01 表示 01 号框架柱；ZHZ02 表示 02 号转换柱；QZ03 表示 03 号剪力墙上柱。

② 注写各段柱的起止标高，自柱根部往上以变截面位置或截面未变但配筋改变处为界分段注写。

框架柱和转换柱的根部标高是指基础顶面标高，芯柱的根部标高是根据结构实际需要而定的起始位置标高，梁上柱的根部标高是指梁顶面标高，剪力墙上柱的根部标高为墙顶面标高。

③ 对于矩形柱，注写柱截面尺寸 $b \times h$ 及与轴线关系的几何参数代号 b_1、b_2 和 h_1、h_2 的具体数值，需对应于各段柱分别注写。其中，$b = b_1 + b_2$，$h = h_1 + h_2$。当截面的某一边收缩变化至与轴线重合或偏到轴线的另一侧时，b_1、b_2、h_1、h_2 中的某项为零或为负数。

对于圆柱，表中 $b \times h$ 一栏改用在圆柱直径数字前加 d 表示。为表达简单，圆柱截面与轴线的关系也用 b_1、b_2 和 h_1、h_2 表示，并使 $d = b_1 + b_2 = h_1 + h_2$。

根据结构需要，可以在某些框架柱的一定高度范围内，在其内部的中心位置设置芯柱（分别引注其柱编号）。芯柱中心应与柱中心重合，并标注其截面尺寸，按图集标准构造详图施工；当采用与图集构造详图不同的做法时，应另行注明。芯柱定位随框架柱，不需要注写其与轴线的几何关系。

④ 注写柱纵筋。当柱（包括矩形柱、圆柱和芯柱）纵筋直径相同，各边根数也相同时，将纵筋注写在"全部纵筋"一栏中；除此之外，柱纵筋分角筋、截面 b 边中部筋和 h 边中部筋三项分别注写。对于采用对称配筋的矩形截面柱，可仅注写一侧中部筋，对称边省略不注；对于采用非对称配筋的矩形截面柱，必须每侧注写中部筋。

⑤ 注写箍筋类型号及箍筋肢数，在箍筋类型栏内注写按规则规定的箍筋类型号与肢数。

⑥ 注写柱箍筋，包括钢筋级别、直径与间距。

用斜线"/"区分柱端箍筋加密区与柱身非加密区长度范围内箍筋的不同间距。当框架节点核芯区内箍筋与柱端箍筋设置不同时，应在括号中注明核芯区箍筋直径及间距。

例如，φ10@100/200，表示箍筋为 HPB300 级钢筋，直径为 10 mm，加密区间距为 100 mm，非加密区间距为 200 mm；φ10@100/200(φ12@100)，表示柱中箍筋为 HPB300 级钢筋，直径为 10 mm，加密区间距为 100 mm，非加密区间距为 200 mm，框架节点核芯区箍筋为 HPB300 级钢筋，直径为 12 mm，间距为 100 mm。

当箍筋沿柱全高为一种间距时，就不使用"/"线。

例如，φ10@100，表示沿柱全高范围内箍筋均为 HPB300 级钢筋，钢筋直径为 10 mm，间距为 100 mm。

当圆柱采用螺旋箍筋时,需在箍筋前加"L"。

例如,Lφ10@100/200,表示采用螺旋箍筋,HPB300级,钢筋直径为10 mm,加密区间距为100 mm,非加密区间距为200 mm。

2.截面注写方式

截面注写方式,是在柱平面布置图的柱截面上,分别在同一编号的柱中选择一个截面,以直接注写截面尺寸和配筋具体数值的方式来表达柱平法施工图,如图4-4所示。

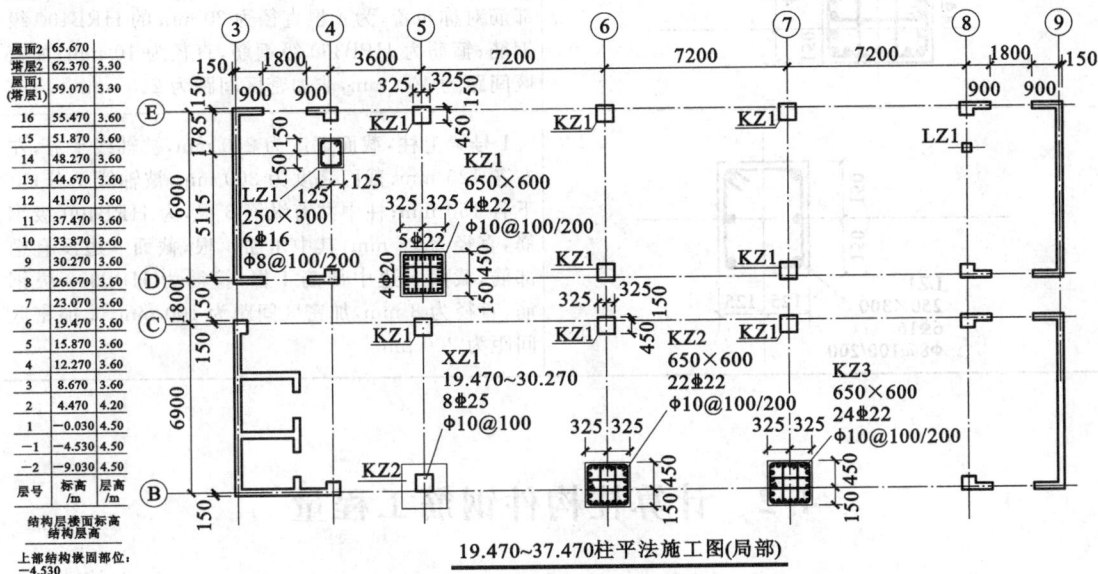

图4-4 柱截面注写方式示意图

对所有柱按规定(表4-1)进行编号,从相同编号的柱中选择一个截面,按另一种比例原位放大绘制柱截面配筋图,并在各配筋图上继其编号后再注写截面尺寸 $b \times h$、角筋或全部纵筋(当纵筋采用一种直径且能够图示清楚时)、箍筋的具体数值,以及在柱截面配筋图上标注柱截面与轴线关系 b_1、b_2、h_1、h_2 的具体数值。

当纵筋采用两种直径时,需再注写截面各边中部筋的具体数值。对于采用对称配筋的矩形截面柱,可仅在一侧注写中部筋,对称边省略不注。

当在某些框架柱的一定高度范围内,在其内部的中心位置设置芯柱时,先按规定进行编号,继其编号之后注写芯柱的起止标高、全部纵筋及箍筋的全部数值,芯柱截面尺寸按构造确定,并按图集标注构造详图施工,设计不注;当采用与图集构造详图不同的做法时,应另行注明。芯柱定位随框架柱,不需要注写其与轴线的几何关系。

在截面注写方式中,如柱的分段截面尺寸和配筋均相同,仅截面与轴线的关系不同时,可将其编为同一柱号。但此时应在未画配筋的柱截面上注写改变柱截面与轴线关系的具体尺寸。

柱构件截面注写方式识图实例如表4-2所示。

表 4-2   柱构件截面注写方式识图实例

平法施工图	识图
KZ1 650×600 4Φ22 Φ10@100/200 5Φ22 4Φ20 325 325 450 150	1号框架柱:截面宽度为 650 mm,被轴线平分,左右各 325 mm;截面高度为 600 mm,被轴线分成上部 450 mm,下部 150 mm;柱中角筋为 HRB400 级钢筋,直径为 22 mm;截面 b 边中部筋对称布置,为5根直径为 22 mm 的 HRB400 级钢筋;截面 h 边中部筋对称布置,为 4 根直径为 20 mm 的 HRB400 级钢筋;箍筋为 HPB300 级钢筋,直径为 10 mm,加密区间距为 100 mm,非加密区间距为 200 mm
LZ1 250×300 6Φ16 Φ8@100/200 150 150 125 125	1号梁上柱:截面宽度为 250 mm,被轴线平分,左右各 125 mm;截面高度为 300 mm,被轴线平分,上下各 150 mm;柱中共有纵筋6根,为 HRB400 级钢筋,直径为 16 mm,其中角筋4根,截面 b 边没有中部筋,截面 h 边中部筋1根;箍筋为 HPB300 级钢筋,直径为 8 mm,加密区间距为 100 mm,非加密区间距为 200 mm

4.2 计算柱构件钢筋工程量

4.2.1 柱构件钢筋体系

柱构件的钢筋构造是指柱构件的各种钢筋在实际工程中可能出现的各种构造情况。本节主要介绍框架柱的钢筋构造,框架柱构件钢筋种类如图 4-5 所示。

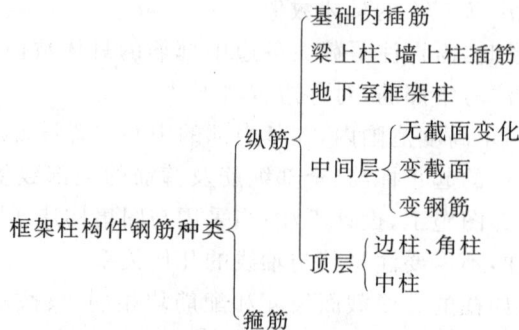

图 4-5 框架柱构件钢筋种类

4.2.2 基础内柱插筋构造

基础内柱插筋构造可分为四种情况,具体如表 4-3 所示。

表 4-3 基础内柱插筋构造

构造	构造图	构造要点
构造一	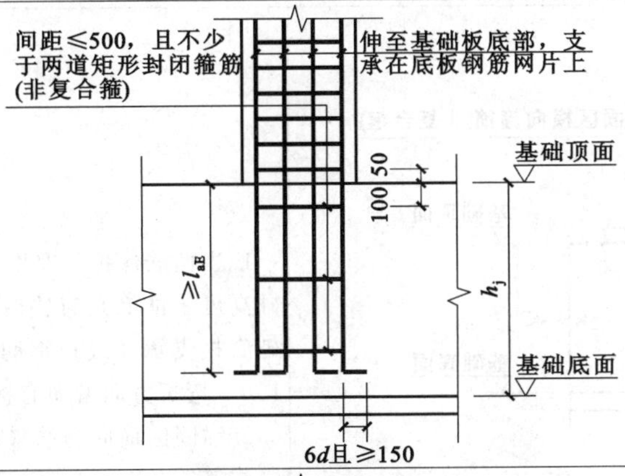 间距≤500，且不少于两道矩形封闭箍筋（非复合箍） 伸至基础板底部，支承在底板钢筋网片上 基础顶面 基础底面 100 50 ≥l_{aE} h_j 6d且≥150	1. 当插筋保护层厚度大于 5d，基础高度满足直锚时，插筋伸至基础底板支承在底板钢筋网片上，弯折 6d 且不小于 150 mm。弯折方向平均分配到两侧。 2. 在基础内的箍筋：间距不大于 500 mm，且不少于两道矩形封闭箍筋（非复合箍）。 3. 箍筋的起步距离：距离基础顶面 100 mm
构造二	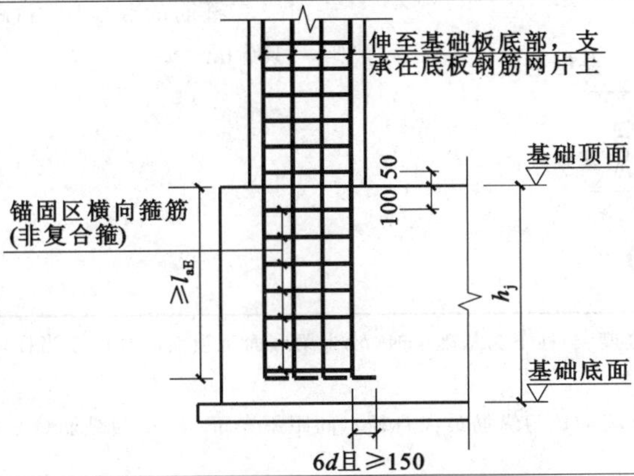 伸至基础板底部，支承在底板钢筋网片上 基础顶面 基础底面 锚固区横向箍筋（非复合箍） 100 50 ≥l_{aE} h_j 6d且≥150	1. 当插筋保护层厚度不大于 5d，基础高度满足直锚时，插筋伸至基础底板支承在底板钢筋网片上，弯折 6d 且不小于 150 mm。弯折方向偏向有构件一侧。 2. 锚固区横向箍筋采用非复合箍。 3. 箍筋的起步距离：距离基础顶面 100 mm
构造三	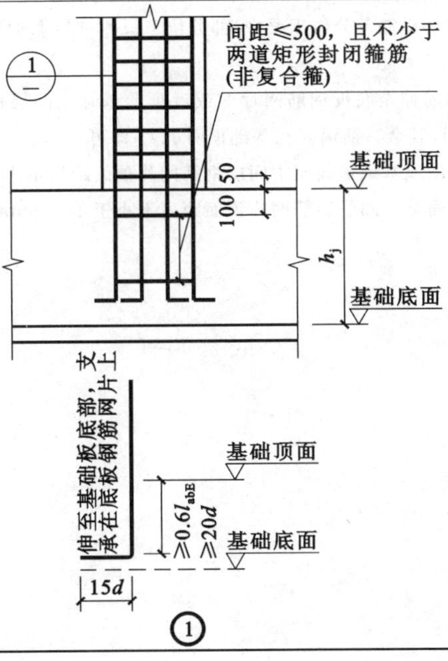 ①— 间距≤500，且不少于两道矩形封闭箍筋（非复合箍） 基础顶面 基础底面 100 50 h_j 伸至基础板底部，支承在底板钢筋网片上 基础顶面 基础底面 ≥$0.6l_{aE}$ ≥20d 15d ①	1. 当插筋保护层厚度大于 5d，基础高度不能满足直锚时，插筋伸至基础底板支承在底板钢筋网片上，弯折 15d。弯折方向平均分配到两侧。 2. 在基础内的箍筋：间距不大于 500 mm，且不少于两道矩形封闭箍筋（非复合箍）。 3. 箍筋的起步距离：距离基础顶面 100 mm

续表

构造	构造图	构造要点
构造四	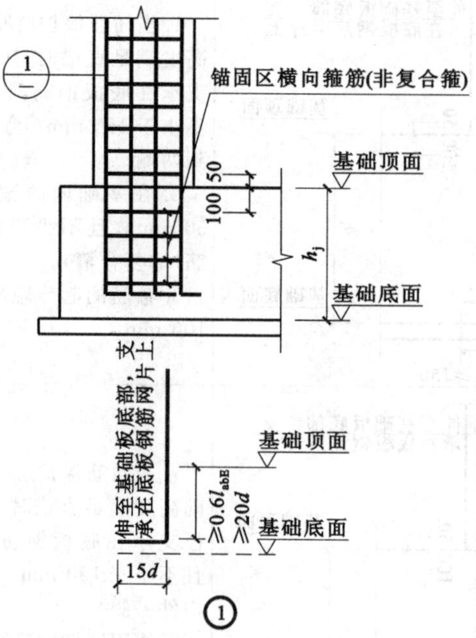 锚固区横向箍筋(非复合箍) 100 50 基础顶面 基础底面 h_j 伸至基础底板底部,支承在底板钢筋网片上 ≥0.6l_{abE} ≥20d 15d 基础顶面 基础底面 ①	1. 当插筋保护层厚度不大于5d,基础高度不能满足直锚时,插筋伸至基础底板支承在底板钢筋网片上,弯折15d。弯折方向偏向有构件一侧。 2. 锚固区横向箍筋采用非复合箍。 3. 箍筋的起步距离:距离基础顶面100 mm

注:1. 图中 h_j 为基础底面至基础顶面的高度,当柱下为基础梁时,h_j 为梁底面至顶面的高度。当柱两侧基础梁标高不同时,取较低标高。

2. 锚固区横向箍筋应满足直径不小于 $d/4$(d 为纵筋最大直径),间距不大于 $5d$(d 为纵筋最小直径)且不大于100 mm 的要求。

3. 当柱纵筋在基础中的保护层厚度不一致(如纵筋部分位于梁中,部分位于板内)时,保护层厚度不大于 $5d$ 的部分应设置锚固区横向钢筋。

4. 当符合下列条件之一时,可仅将柱四角纵筋伸至底板钢筋网片上或者筏形基础中间层钢筋网片上(伸至钢筋网片上的柱纵筋间距不应大于 1000 mm),其余纵筋锚固在基础顶面下 l_{aE} 即可。

(1)柱为轴心受压或小偏心受压,基础高度或基础顶面至中间层钢筋网片顶面距离不小于 1200 mm;

(2)柱为大偏心受压,基础高度或基础顶面至中间层钢筋网片顶面距离不小于 1400 mm。

5. 图中 d 为柱纵筋直径。

4.2.3 框架柱纵向钢筋构造

1. 框架柱纵向钢筋一般连接构造

框架柱纵向钢筋一般连接构造见表 4-4。

表 4-4　　　　　　　　　　　　框架柱纵向钢筋一般连接构造

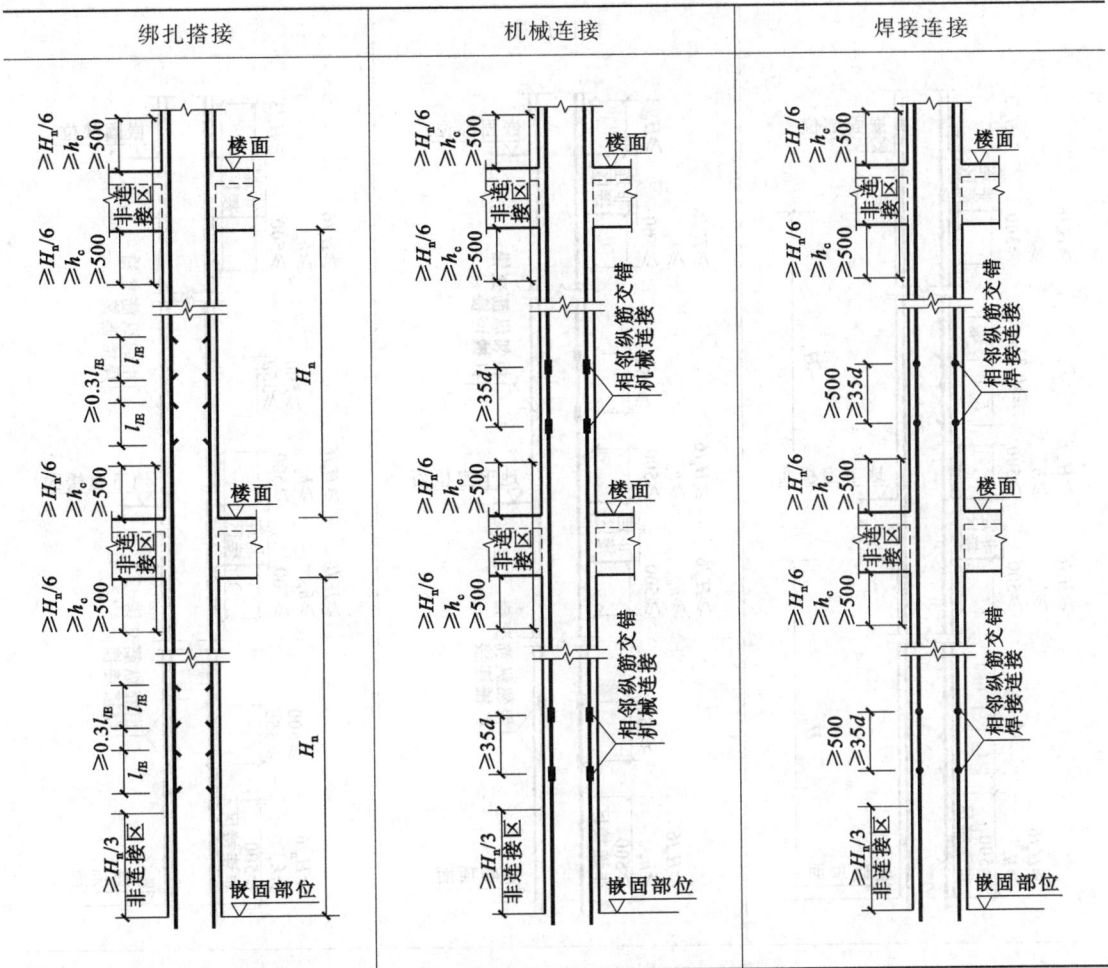

绑扎搭接	机械连接	焊接连接

注:1.柱相邻纵向钢筋连接接头相互错开。在同一连接区段内钢筋接头面积百分率不宜大于50%。

2.图中 h_c 为柱截面长边尺寸(圆柱为截面直径),H_n 为所在楼层的柱净高。

3.柱纵筋绑扎搭接长度及绑扎搭接、机械连接、焊接连接要求见《混凝土结构施工图平面整体表示方法制图规则和构造详图(现浇混凝土框架、剪力墙、梁、板)》(16G101-1)第59~61页。

4.轴心受拉及小偏心受拉柱内的纵向钢筋不得采用绑扎搭接接头,设计者应在柱平法结构施工图中注明其平面位置及层数。

2.地下室框架柱纵向钢筋连接构造

地下室框架柱纵向钢筋连接构造见表 4-5。

表 4-5　　　　　　　　　　　　　地下室框架柱纵向钢筋连接构造

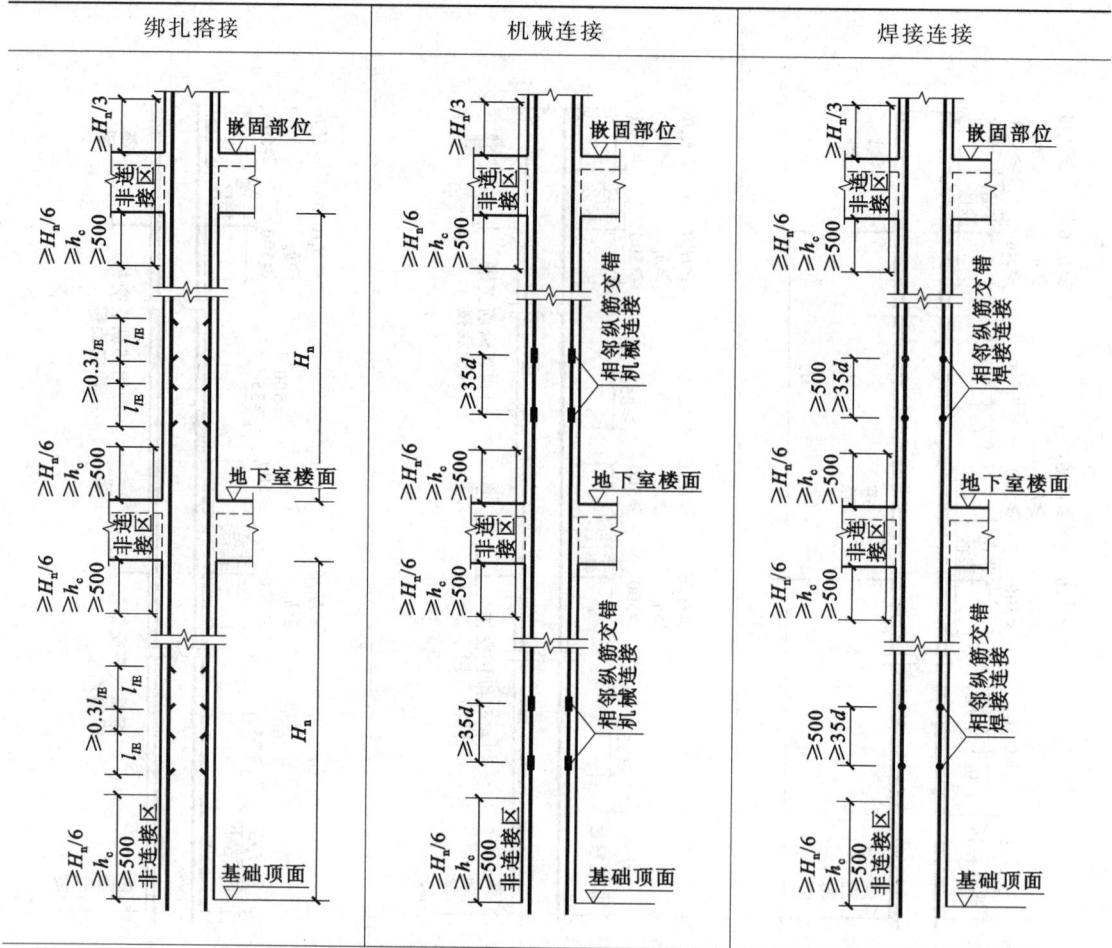

绑扎搭接	机械连接	焊接连接

注:1. 钢筋连接构造说明同表 4-4 中注解说明。

　　2. 图中 h_c 为柱截面长边尺寸(圆柱为截面直径),H_n 为所在楼层的柱净高。

　　3. 当某层连接区的高度小于纵筋分两批搭接所需要的高度时,应改用机械连接或焊接连接。

　　4. 地下一层增加钢筋在嵌固部位的锚固构造如下图所示。仅用于按《建筑抗震设计规范》(GB 50011—2010)
　　　　第 6.1.14 条在地下一层增加的钢筋,由设计指定。未指定时表示地下一层比上层柱多出的钢筋。

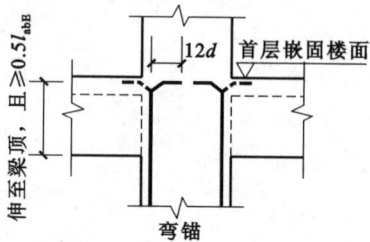

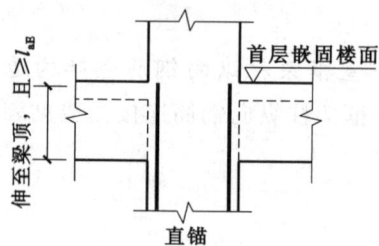

3.框架柱柱顶纵向钢筋构造

（1）框架柱边柱和角柱柱顶纵向钢筋构造。

框架柱边柱和角柱柱顶纵向钢筋构造见表 4-6。

表 4-6 框架柱边柱和角柱柱顶纵向钢筋构造

节点形式	构造图	构造要点
①	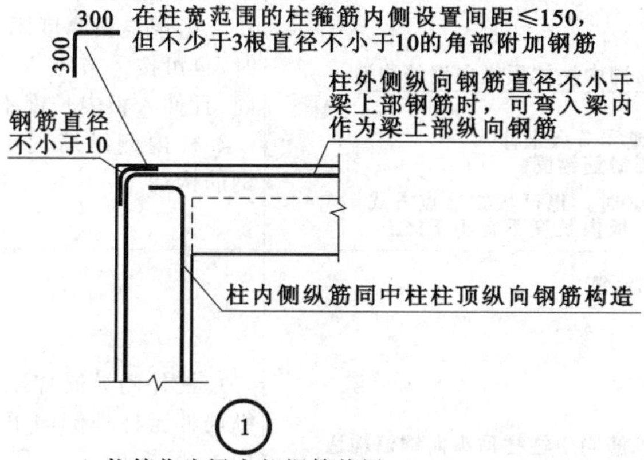 柱筋作为梁上部钢筋使用	1.当柱外侧纵向钢筋直径不小于梁上部钢筋时,可弯入梁内做梁上部钢筋使用。在柱宽范围的柱箍筋内侧设置间距不大于150 mm,但不少于3根直径不小于10 mm 的角部附加钢筋。 2.柱内侧纵筋同中柱柱顶纵向钢筋构造
②	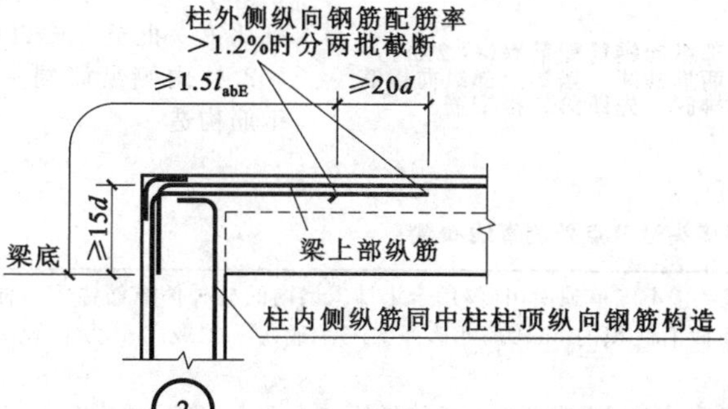 从梁底算起1.5l_{abE}超过柱内侧边缘	1.柱外侧纵向钢筋从梁底算起1.5l_{abE}超过柱内侧边缘时,满足构造要求。当柱外侧纵向钢筋配筋率大于1.2%时分两批截断,第二批比第一批至少长 20d。 2.柱内侧纵筋同中柱柱顶纵向钢筋构造
③	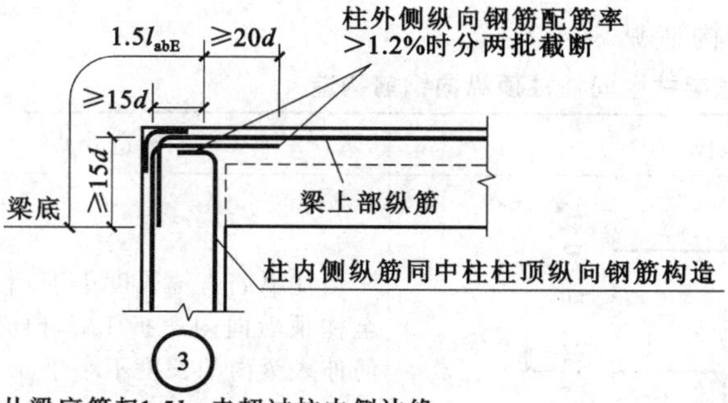 从梁底算起1.5l_{abE}未超过柱内侧边缘	1.柱外侧纵向钢筋从梁底算起1.5l_{abE}未超过柱内侧边缘,但伸至柱顶水平弯折后水平长度不小于15d时满足构造要求。当柱外侧纵向钢筋配筋率大于1.2%时分两批截断,第二批比第一批至少长 20d。 2.柱内侧纵筋同中柱柱顶纵向钢筋构造

节点形式	构造图	构造要点
④	柱顶第一层钢筋伸至柱内边向下弯折8d 柱顶第二层钢筋伸至柱内边 8d 柱内侧纵筋同中柱柱顶纵向钢筋构造 ④ (用于①、②或③节点未伸入梁内的柱外侧钢筋锚固) 当现浇板厚度不小于100时，也可按②节点方式伸入板内锚固，且伸入板内长度不宜小于15d	1. 柱外侧钢筋伸至柱顶，然后弯折，但不伸至梁段内。其中柱顶第一层钢筋伸至柱内边向下弯折 8d，第二层钢筋伸至柱内边。 2. 当现浇板厚度不小于 100 mm 时，也可按②节点方式伸入板内锚固，且伸入板内长度不宜小于 15d。 3. 柱内侧纵筋同中柱柱顶纵向钢筋构造
⑤	梁上部纵筋 ≥1.7labE 且伸至梁底 ≥20d 柱内侧纵筋同中柱柱顶纵向钢筋构造 梁上部纵向钢筋配筋率＞1.2%时，应分两批截断。当梁上部纵筋为两排时，先断第二排钢筋 ⑤ 梁、柱纵向钢筋搭接接头沿节点外侧直线布置	1. 柱外侧纵筋伸至柱顶，梁上部纵筋伸至柱外侧向下弯折，且要求向下弯折的垂直段长度不小于 1.7labE。当梁上部纵向钢筋配筋率大于 1.2% 时分两批截断，第二批比第一批至少长 20d。 2. 柱内侧纵筋同中柱柱顶纵向钢筋构造

注：1. ①、②、③、④节点应配合使用，节点④不应单独使用(仅用于未伸入梁内的柱外侧纵筋锚固)，伸入梁内的柱外侧纵筋不宜小于柱外侧全部纵筋截面面积的 65%。可选择②＋④或③＋④或①＋②＋④或①＋③＋④的做法。
　　2. 节点⑤用于梁、柱纵向钢筋接头沿节点柱顶外侧直线布置的情况，可与节点①组合使用。
　　3. d 为框架柱纵向钢筋直径，labE 为纵向受拉钢筋的抗震基本锚固长度。

（2）框架柱中间柱柱顶纵向钢筋构造。

框架柱中间柱柱顶纵向钢筋构造见表 4-7。

表 4-7　　　　　　　　　框架柱中间柱柱顶纵向钢筋构造

节点形式	构造图	构造要点
①	12d ≥0.5labE 伸至柱顶，且≥0.5labE	当柱纵筋直锚长度小于 laE 时，柱纵筋伸至柱顶后向内弯折 12d，但必须保证柱纵筋伸入梁内的长度不小于 0.5labE

节点形式	构造图	构造要点
②	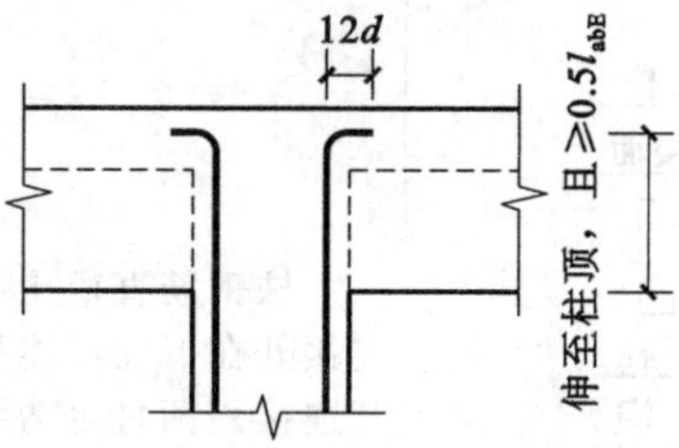 伸至柱顶，且 $\geqslant 0.5l_{abE}$　12d	当柱纵筋直锚长度小于 l_{aE}，且顶层有不小于 100 mm 厚的现浇板时，柱纵筋伸至柱顶后向外弯折 12d，但必须保证柱纵筋伸入梁内的长度不小于 $0.5l_{abE}$
③	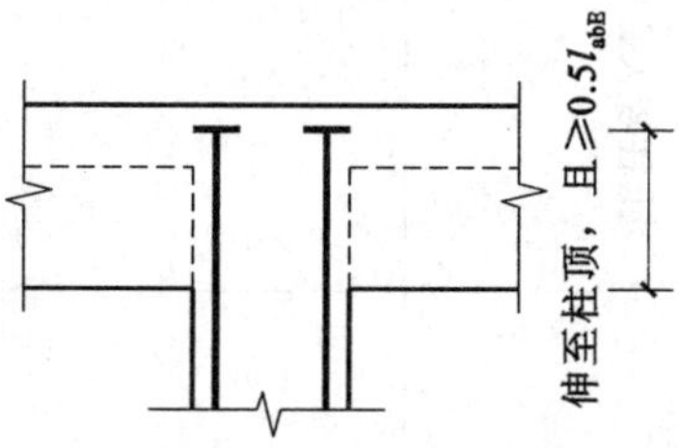 伸至柱顶，且 $\geqslant 0.5l_{abE}$	柱纵筋端头加锚头（锚板），技术要求同上，也伸至柱顶，且伸入长度不小于 $0.5l_{abE}$
④	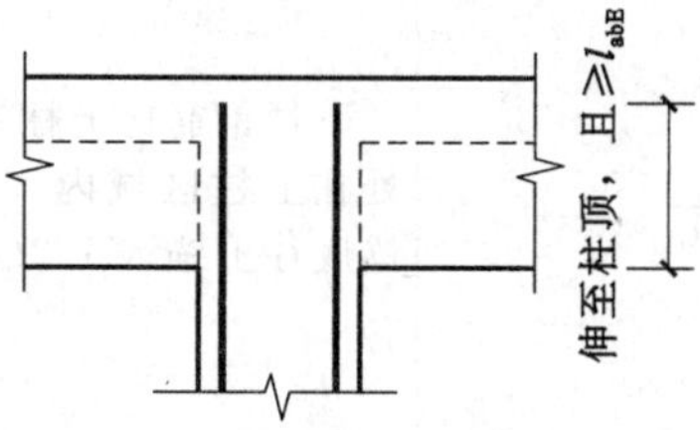 伸至柱顶，且 $\geqslant l_{abE}$	当柱纵筋直锚长度不小于 l_{aE} 时，可以直锚伸至柱顶

4. 框架柱变钢筋位置纵向钢筋构造

框架柱变钢筋位置纵向钢筋构造见表 4-8。

表 4-8　　　　　　　　　**框架柱变钢筋位置纵向钢筋构造**

节点形式	构造图	构造要点
上柱钢筋比下柱钢筋多	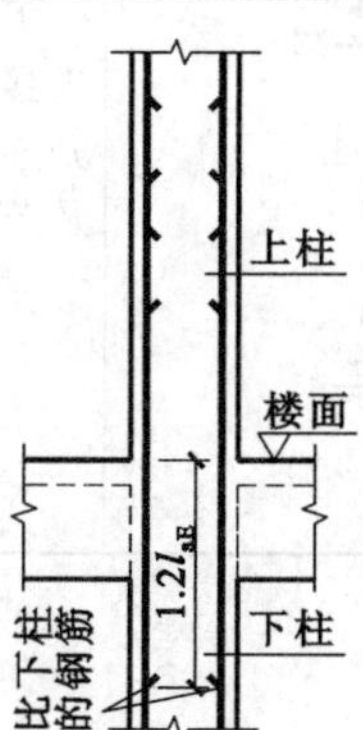 上柱 楼面 上柱比下柱多出的钢筋　$1.2l_{aE}$　下柱	上柱钢筋比下柱钢筋多时，钢筋连接处在上柱区域内。上柱多出的钢筋从楼面往下锚入 $1.2l_{aE}$

续表

节点形式	构造图	构造要点
上柱钢筋直径比下柱钢筋大	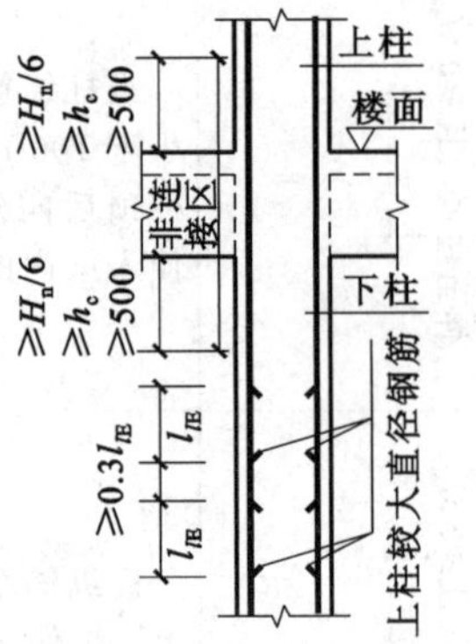	上柱钢筋直径比下柱钢筋大时,钢筋连接处在下柱可连接区域内,且钢筋错开连接。两柱非连接区在节点相交处及节点上、下 $\max\{H_n/6, h_c, 500\}$ 范围
下柱钢筋比上柱钢筋多	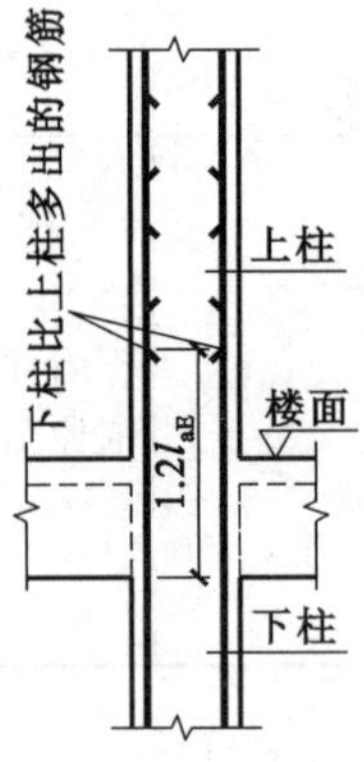	下柱钢筋比上柱钢筋多时,钢筋连接处在上柱区域内。下柱多出的钢筋从梁底往上锚入 $1.2l_{aE}$
下柱钢筋直径比上柱钢筋大	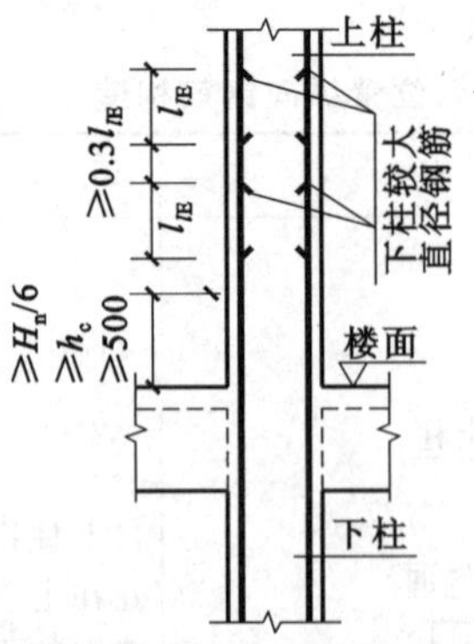	下柱钢筋直径比上柱钢筋大时,钢筋连接处在上柱可连接区域内,且钢筋错开连接。两柱非连接区在节点相交处及节点上、下 $\max\{H_n/6, h_c, 500\}$ 范围

5. 框架柱变截面位置纵向钢筋构造

框架柱变截面位置纵向钢筋构造见表 4-9。

表 4-9   **框架柱变截面位置纵向钢筋构造**

节点形式	构造图	构造要点
$\Delta/h_b > 1/6$	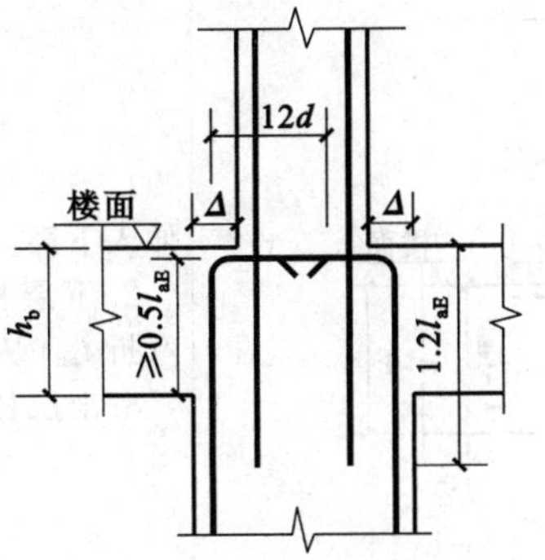 $12d$ 楼面 Δ Δ $\geqslant 0.5l_{aE}$ h_b $1.2l_{aE}$	1. 下层柱纵筋断开收头,上层柱纵筋伸入下层。 2. 下层柱纵筋伸至该层顶然后水平弯折 $12d$。 3. 上层柱纵筋伸入下层 $1.2l_{aE}$
$\Delta/h_b \leqslant 1/6$	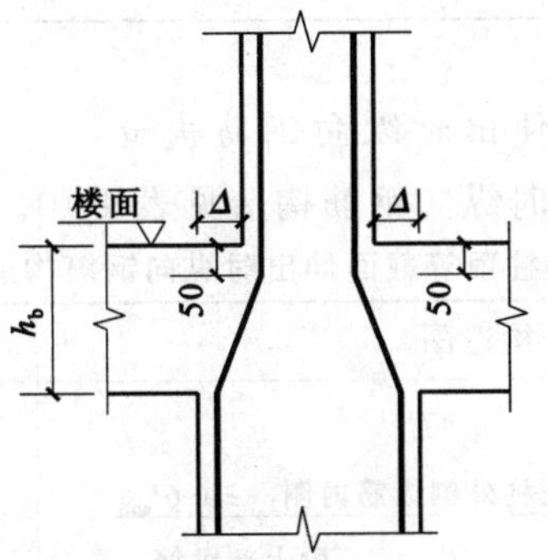 楼面 Δ Δ 50 50 h_b	下层柱纵筋斜弯连续伸入上层,不断开
$\Delta/h_b > 1/6$	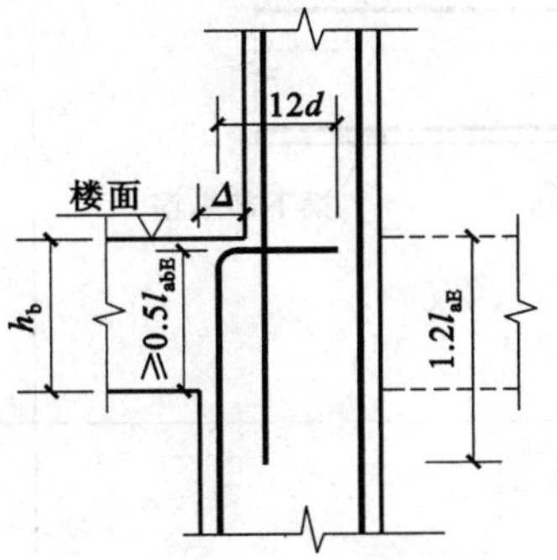 $12d$ 楼面 Δ $\geqslant 0.5l_{aE}$ h_b $1.2l_{aE}$	1. 下层柱纵筋断开收头,上层柱纵筋伸入下层。 2. 下层柱纵筋伸至该层顶然后水平弯折 $12d$。 3. 上层柱纵筋伸入下层 $1.2l_{aE}$
$\Delta/h_b \leqslant 1/6$	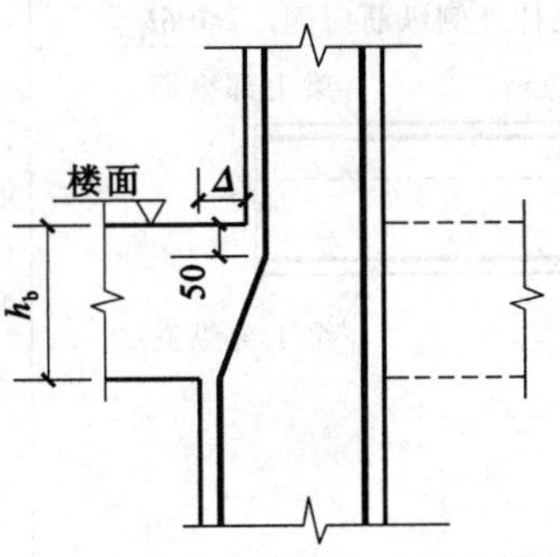 楼面 Δ 50 h_b	下层柱纵筋斜弯连续伸入上层,不断开

续表

节点形式	构造图	构造要点
单侧无梁变截面	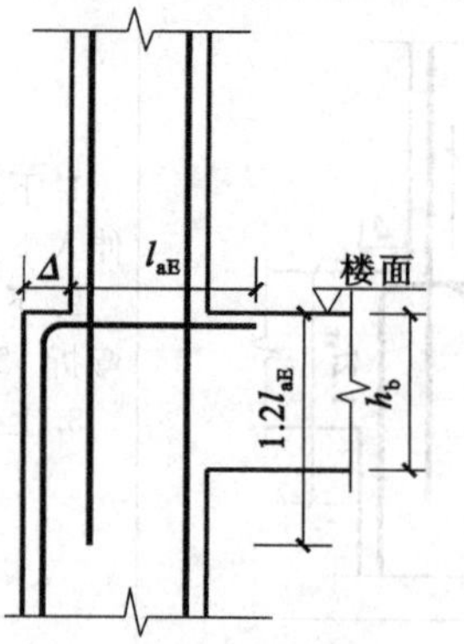	1. 下层柱纵筋断开收头,上层柱纵筋伸入下层。 2. 下层柱纵筋伸至该层顶然后水平弯折 l_{aE}(从上层柱外侧算起)。 3. 上层柱纵筋伸入下层 $1.2l_{aE}$

6. 框架柱边柱、角柱柱顶等截面伸出时纵向钢筋构造

框架柱边柱、角柱柱顶等截面伸出时纵向钢筋构造见表 4-10。

表 4-10　　　　　框架柱边柱、角柱柱顶等截面伸出时纵向钢筋构造

节点形式	构造图	构造要点
①	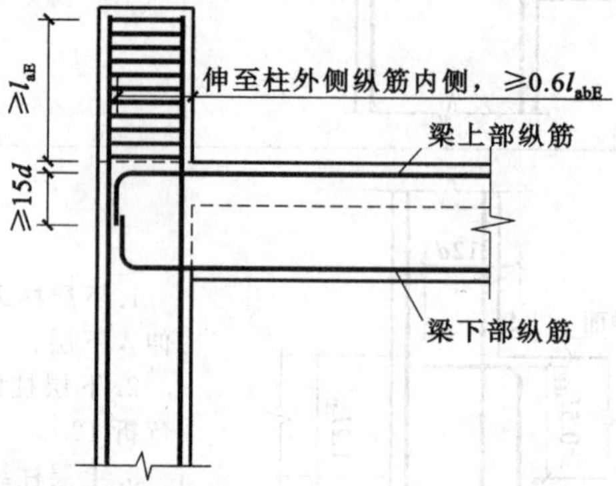	当柱纵向钢筋自梁顶算起伸出长度不小于 l_{aE} 时,可以直锚伸至柱顶
②	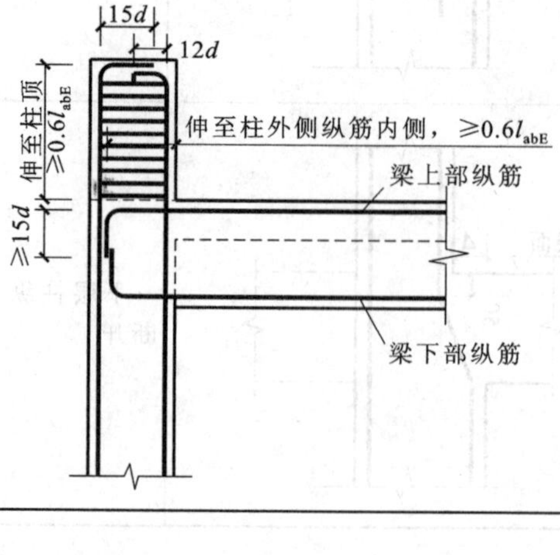	当柱纵向钢筋自梁顶算起伸出长度小于 l_{aE} 时,柱外侧纵筋伸至柱顶后向内弯折 $12d$,柱内侧纵筋伸至柱顶后向内弯折 $12d$

4.2.4　框架柱箍筋构造

1. 箍筋加密区范围

箍筋加密区范围如表 4-11 所示。

表 4-11　　　　　　　　　　　　　　　箍筋加密区范围

一般框架柱	地下室框架柱

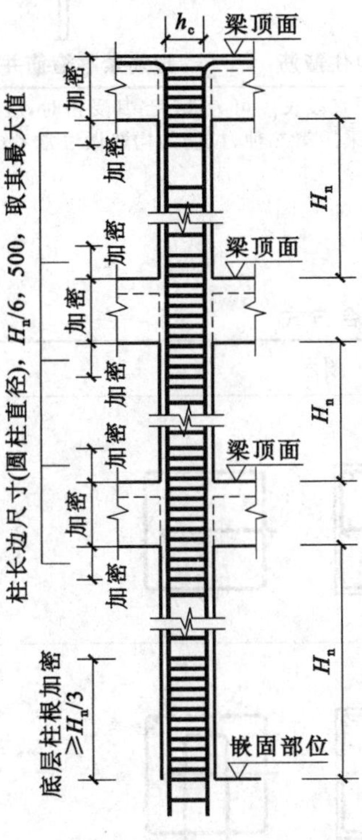

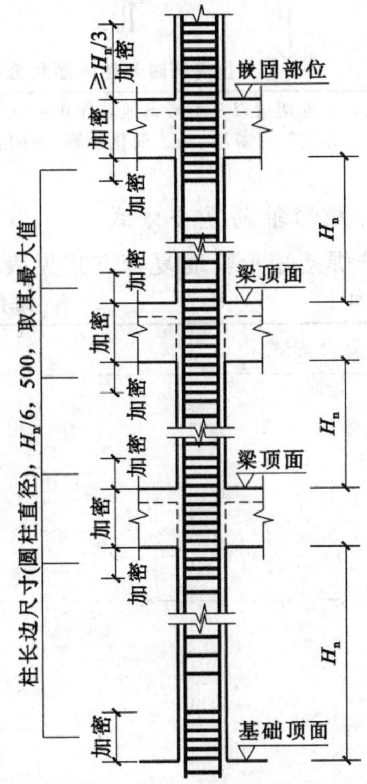

2. 封闭箍筋及拉筋弯钩构造

封闭箍筋及拉筋弯钩构造见表 4-12。

表 4-12　　　　　　　　　　　　　封闭箍筋及拉筋弯钩构造

构件类型	构造做法		
封闭箍筋			

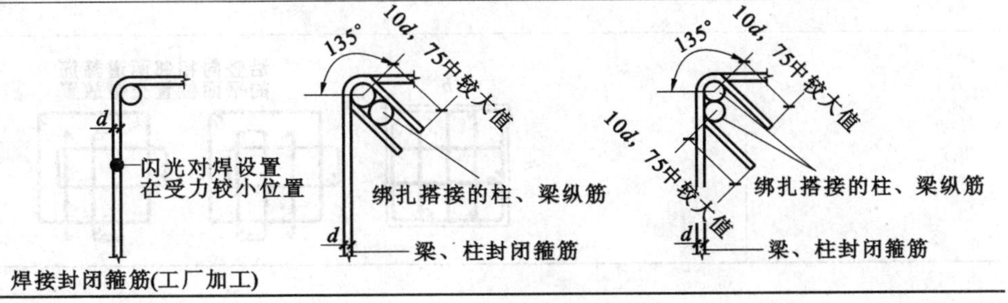

构件类型	构造做法
拉筋	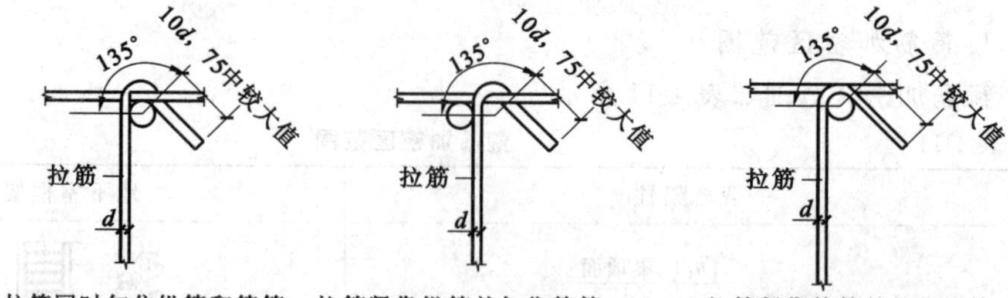 拉筋同时勾住纵筋和箍筋　拉筋紧靠纵筋并勾住箍筋　　拉筋紧靠箍筋并勾住纵筋

注：1. 非框架梁以及不考虑地震作用的悬挑梁，箍筋及拉筋弯钩平直段长度可为 5d；当其受扭时，应为 10d。
　　2. 在实际计算时，为了简化计算，封闭箍筋的构造做法常考虑采用第二种，拉筋的构造做法常考虑采用第三种。

3. 矩形箍筋复合方式

非焊接矩形箍筋复合方式见表 4-13。

表 4-13　　　　　　　　　　　　非焊接矩形箍筋常见复合方式

复合方式	图示
3×3	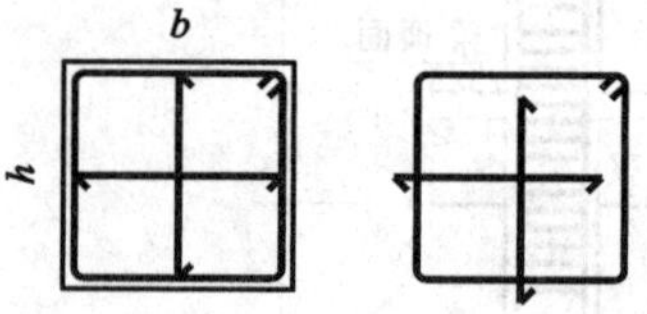
4×3	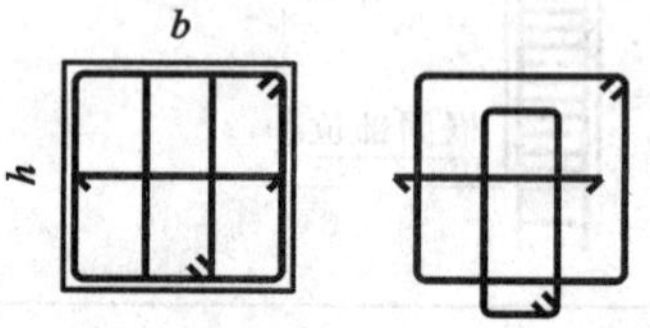
4×4	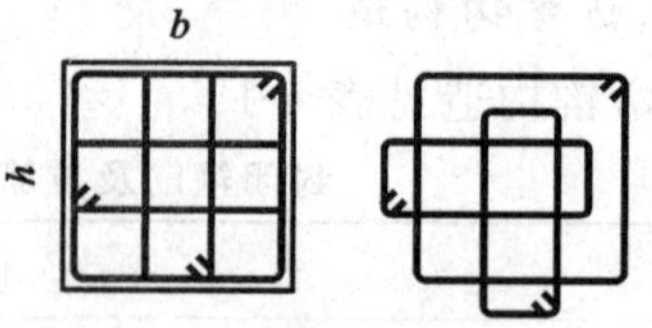
5×4	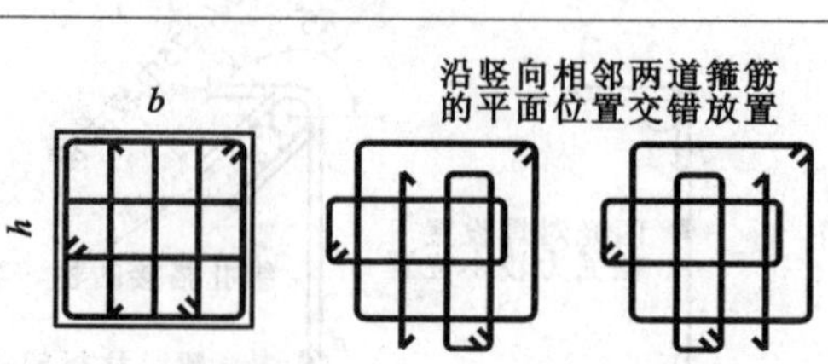 沿竖向相邻两道箍筋的平面位置交错放置

复合方式	图示
5×5	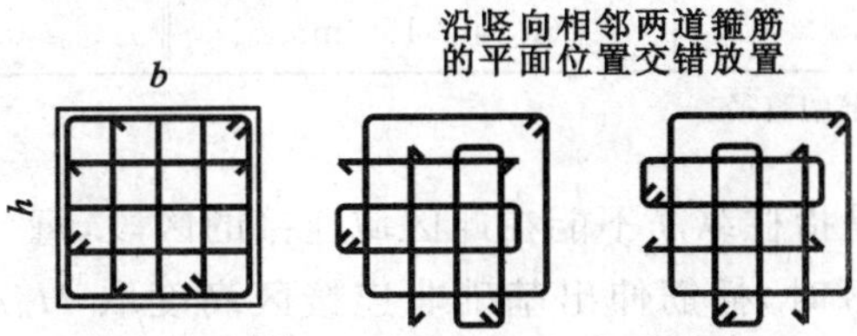
6×5	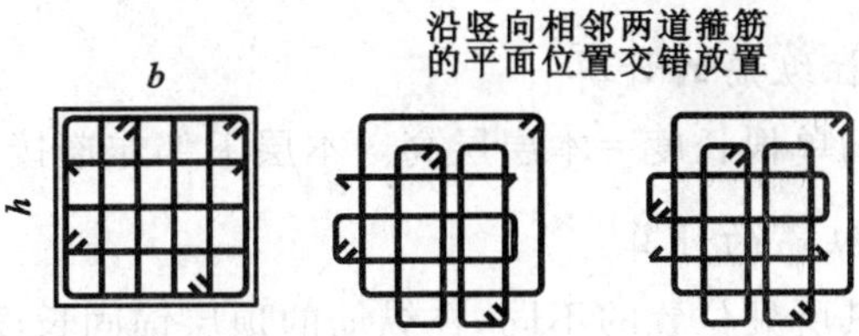

4.箍筋的起步距离

框架柱箍筋在楼层位置分段进行布置,楼面位置起步距离为 50 mm。

4.3　柱构件钢筋计算实例

本章 4.2 节主要讲解了柱构件的平法钢筋构造,本节介绍这些钢筋构造的计算公式并举例计算。

4.3.1　柱构件内钢筋工程量计算公式

在实际工程施工时,还必须考虑柱纵向钢筋之间错开连接,但对钢筋工程量的计算并无影响。因此,在本节的后续内容中,柱纵向钢筋的计算均只考虑一般连接,没有考虑错开连接。

1.柱基础插筋的计算

柱插入基础中的预留接头的钢筋称为插筋。在浇筑基础混凝土前,将柱插筋留好,等浇筑完基础混凝土后,从插筋上端往上进行连接,依次类推,逐层连接往上。

柱基础插筋单根长度＝基础内长度(包括基础内竖直长度 h_1＋弯折长度)＋

伸出基础非连接区高度

插筋基础内竖直长度,一般情况可取:

h_1＝基础高度－基础钢筋保护层厚度－基础纵筋直径

插筋弯折长度取值见表 4-14。

表 4-14 弯折长度取值

竖直长度	弯折长度	竖直长度	弯折长度
$>l_{aE}$	$6d$ 且 $\geqslant150$ mm	$\geqslant0.6l_{abE}$,但 $\leqslant l_{aE}$	$15d$

注:d 为基础插筋的直径。

非连接区是指柱纵筋不能在此区域连接的区段,每一层的非连接区不尽相同,当为嵌固部位的非连接区时,插筋伸出基础非连接区高度取 $H_n/3$,其他层均为 $\max\{H_n,500,h_c\}$。其中,H_n 为与基础相连层的净高,h_c 为柱截面长边尺寸。

2. 中间层柱纵筋的计算

中间层柱纵筋的单根长度＝本层层高－本层下部非连接区长度＋伸入上一层非连接区长度

3. 顶层柱纵筋的计算

顶层柱因其所处位置的不同,柱纵筋的顶层锚固长度各不相同。

(1)中柱顶层纵筋计算。

中柱顶部四周均有梁,其纵向钢筋直接锚入顶层梁内或板内。

当柱纵筋直锚长度小于 l_{aE} 时:

顶层中柱纵筋单根长度＝顶层层高－本层下部非连接区长度－顶部保护层厚度＋$12d$

当柱纵筋直锚长度大于或等于 l_{aE} 或端头加锚头(锚板)时:

顶层中柱纵筋单根长度＝顶层层高－本层下部非连接区长度－顶部保护层厚度

(2)顶层边柱、角柱纵筋计算。

顶层边柱、角柱的外侧和内侧纵筋构造不同,外侧和内侧纵筋的区分如图 4-6 所示。

顶层边柱、角柱纵筋的单根长度＝顶层层高－本层下部非连接区长度＋锚入梁内长度

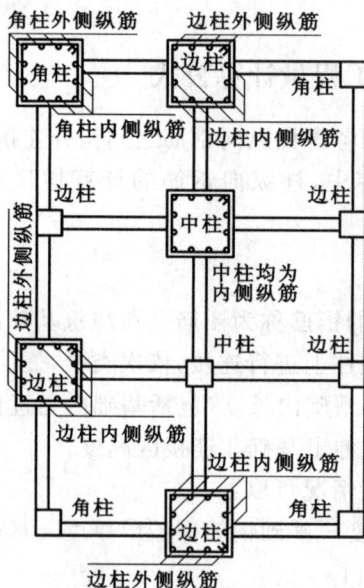

图 4-6 柱构件顶层边柱、角柱内侧钢筋和外侧钢筋的区分

顶层边柱、角柱纵筋锚入梁内长度取值见表 4-15。

表 4-15 　　　　　　　　　　　　　　柱顶层钢筋伸入梁内长度

中柱			直锚:伸至柱顶长度－保护层厚度
			弯锚:伸至柱顶长度－保护层厚度+12d
边柱、角柱	①节点构造	外侧钢筋	柱筋作为梁上部钢筋使用,与梁钢筋一起计算
		内侧钢筋	直锚:伸至柱顶长度－保护层厚度
			弯锚:伸至柱顶长度－保护层厚度+12d
	②、③、④节点构造	外侧钢筋	不小于65%,自梁底起1.5l_{abE}+20d
			不小于65%,自梁底起h_b－c+h_c－c+20d
			剩下的位于第一层钢筋,伸至柱顶、柱内侧下弯8d
			剩下的位于第二层钢筋,伸至柱顶、柱内侧边
		内侧钢筋	直锚:伸至柱顶长度－保护层厚度
			弯锚:伸至柱顶长度－保护层厚度+12d
	⑤节点构造	外侧钢筋	伸至柱顶长度－保护层厚度
		内侧钢筋	直锚:伸至柱顶长度－保护层厚度
			弯锚:伸至柱顶长度－保护层厚度+12d

注:①、②、③、④、⑤节点构造详见表 4-6。

4. 柱中箍筋的计算

(1) 单根封闭箍筋长度的计算。

此处主要考虑外大箍(非复合箍)的计算,内小箍的计算见梁内箍。

$$单根封闭箍筋的长度=2(b-2c)+2(h-2c)+(\max\{10d,75\}+1.9d)\times2$$

式中 　b——柱截面宽度,mm;

　　　　h——柱截面高度,mm;

　　　　c——构件保护层厚度,mm;

　　　　d——柱内箍筋直径,mm。

(2) 箍筋根数的计算。

① 根据本章 4.2 节内容,结合基础中箍筋的设置要求,基础内箍筋的根数计算如下:

$$基础内箍筋的根数=\frac{基础高度－基础钢筋保护层厚度－基础纵筋直径－100}{间距}+1$$

② 基础以上每层箍筋根数计算公式如下:

$$每层箍筋根数=加密区根数+非加密区根数$$

$$加密区根数=\frac{柱下部加密区长度－50}{加密间距}+1+\frac{柱上部加密区长度－50}{间距}+1$$

$$非加密区根数 = \frac{层高 - 上、下加密区总长度}{非加密区间距} - 1$$

4.3.2 柱构件钢筋实例计算

【例4-1】 计算图4-7所示KZ10钢筋工程量，KZ10计算条件如表4-16所示。嵌固部位在基础顶部，假定基础底部纵筋直径为20 mm。KZ10各层标高如表4-17所示。钢筋长度以mm为单位，保留一位小数；质量以kg为单位，保留两位小数。

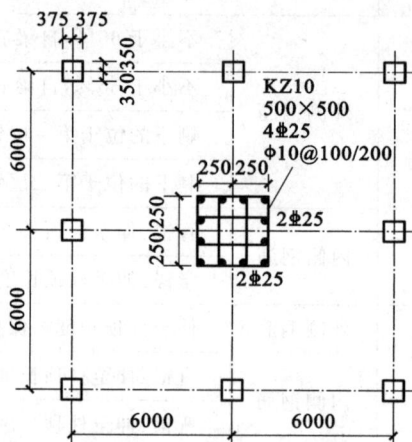

图4-7 KZ10柱平面图

表4-16   **KZ10计算条件**

混凝土强度等级	抗震等级	基础保护层厚度（独立基础）	柱保护层	纵筋连接方式	l_{aE}/l_{abE}
C30	一级抗震	40 mm	30 mm	电渣压力焊	$40d$

表4-17   **KZ10各层标高**

层号	顶标高/m	层高/m	梁高/mm
4	15.9	3.6	700
3	12.3	3.6	700
2	8.7	4.2	700
1	4.5	4.5	700
基础	−0.8		基础厚度：800

【解】 基础高度范围内：$0.6l_{abE} = 0.6 \times 40 \times 25 = 600 (\text{mm}) < 800 \text{ mm} < l_{aE} = 40d = 40 \times 25 = 1000 (\text{mm})$，所以基础插筋全部伸到基础底部，并且弯折$15d$。

KZ10钢筋工程量具体计算过程见表4-18。

表 4-18 　　　　　　　　　**KZ10 钢筋工程量计算过程**

层号	钢筋名称	计算过程	质量/kg
基础层	基础插筋	单根长度：$(4500+800-700)/3+800-40-20+15\times25$ $=2648.3(\mathrm{mm})$	122.55
		根数：12 根	
	外大箍	单根长度：$(500-2\times30)\times2+(500-2\times30)\times2+(\max\{10\times10,$ $75\}+1.9\times10)\times2=1998.0(\mathrm{mm})$	3.70
		根数：$\max\{(800-100-40-20)/500+1,2\}=3(根)$	
	内小箍	基础内箍筋采用非复合箍，因此只有外大箍，无内小箍	
一层	纵筋	单根长度：$5300-(4500+800-700)/3+\max\{3500/6,500,500\}$ $=4350.0(\mathrm{mm})$	201.30
		根数：12 根	
	外大箍	单根长度：$(500-2\times30)\times2+(500-2\times30)\times2+(\max\{10\times10,$ $75\}+1.9\times10)\times2=1998.0(\mathrm{mm})$	53.01
		根数： 下部加密区根数$=[(4500+800-700)/3-50]/100+1=16(根)$ 上部加密区根数$=(\max\{4600/6,500,500\}-50)/100+1=9(根)$ 梁柱节点加密根数$=700/100=7(根)$ 中间非加密区根数$=[4500+800-700-(4500+800-700)/3-$ 　　　　　　　　　　$\max\{4600/6,500,500\}]/200-1=11(根)$ 总根数$=16+9+7+11=43(根)$	
	内小箍	单根长度：$[(500-30\times2-2\times10-25)/3+25+2\times10]\times2+$ $(500-2\times30)\times2+(\max\{10\times10,75\}+1.9\times10)\times2$ $=1471.3(\mathrm{mm})$	78.07
		根数：单向根数同外大箍，43 根 总根数$=43\times2=86(根)$	
二层	纵筋	单根长度：$4200-\max\{3500/6,500,500\}+\max\{2900/6,500,500\}$ $=4116.7(\mathrm{mm})$	190.50
		根数：12 根	
	外大箍	单根长度：$1998.0\ \mathrm{mm}$	39.45
		根数： 下部加密区根数$=(\max\{3500/6,500,500\}-50)/100+1=7(根)$ 上部加密区根数同下部加密区，7 根 梁柱节点加密根数$=700/100=7(根)$ 中间非加密区根数$=(4200-700-\max\{3500/6,500,500\}\times2)/$ 　　　　　　　　　　$200-1=11(根)$ 总根数$=7+7+7+11=32(根)$	
	内小箍	单根长度：$1471.3\ \mathrm{mm}$	58.10
		根数：单向根数同外大箍，32 根 总根数：$32\times2=64(根)$	

续表

层号	钢筋名称	计算过程	质量/kg
三层	纵筋	单根长度:$3600-\max\{2900/6,500,500\}+\max\{2900/6,500,500\}$ $=3600(\mathrm{mm})$	166.59
		根数:12 根	
	外大箍	单根长度:1998.0 mm	34.52
		根数: 下部加密区根数$=(\max\{2900/6,500,500\}-50)/100+1$ $=6($根$)$ 上部加密区根数同下部加密区,6 根 梁柱节点加密根数$=700/100=7($根$)$ 中间非加密区根数$=(3600-700-\max\{2900/6,500,500\}\times2)/$ $200-1=9($根$)$ 总根数$=6+6+7+9=28($根$)$	
	内小箍	单根长度:1471.3 mm	50.84
		根数:单向根数同外大箍,28 根 总根数$=28\times2=56($根$)$	
四层	纵筋	单根长度: 因 $h_c-c=700-30=670(\mathrm{mm})<l_{aE}=1000$ mm,故柱纵筋伸至柱顶 弯折 $12d$。 $3600-\max\{2900/6,500,500\}-30+12\times25=3370(\mathrm{mm})$	155.95
		根数:12 根	
	外大箍	单根长度:1998.0 mm	34.52
		根数:28 根	
	内小箍	单根长度:1471.3 mm	50.84
		根数:56 根	
合计	柱纵筋质量	$122.55+201.30+190.50+166.59+155.95$	836.89
	箍筋质量	$3.70+53.01+78.07+39.45+58.10+(34.52+50.84)\times2$	403.05

【例 4-2】 若将例 4-1 中 KZ10 的位置由中间柱改成角柱,其余条件不变,试求 KZ10 钢筋工程量。

【解】 框架柱角柱与框架柱中间柱内纵筋计算的主要区别在顶层柱锚入梁内长度的不同,其具体计算过程见表 4-19。

表 4-19   **KZ10 钢筋工程量计算过程**

层号	钢筋名称	计算过程		质量/kg
基础层	基础插筋	单根长度:2648.3 mm		122.55
		根数:12 根		
	外大箍	单根长度:1998.0 mm		3.70
		根数:3 根		
	内小箍	基础内箍筋采用非复合箍,因此只有外大箍,无内小箍		
一层	纵筋	单根长度:4350.0 mm		201.30
		根数:12 根		
	外大箍	单根长度:1998.0 mm		53.01
		根数:43 根		
	内小箍	单根长度:1471.3 mm		78.07
		根数:86 根		
二层	纵筋	单根长度:4116.7 mm		190.50
		根数:12 根		
	外大箍	单根长度:1998.0 mm		39.45
		根数:32 根		
	内小箍	单根长度:1471.3 mm		58.10
		根数:64 根		
三层	纵筋	单根长度:3600 mm		166.59
		根数:12 根		
	外大箍	单根长度:1998.0 mm		34.52
		根数:28 根		
	内小箍	单根长度:1471.3 mm		50.84
		根数:56 根		
四层	纵筋 (内侧)	单根长度: 因 $1.5l_{abE}=1.5\times40\times25=1500$(mm),大于外侧纵筋从梁底到柱内侧长度 $700-30+500-30=1140$(mm),故柱纵筋伸至柱顶弯折 $12d$,因此柱外侧纵筋从梁底算起锚入 $1.5l_{abE}$ 即可。 $3600-\max\{2900/6,500,500\}-700+1.5\times40\times25=3900$(mm)		105.28
		根数:7 根		

层号	钢筋名称	计算过程	质量/kg
四层	纵筋 （外侧）	单根长度： 因 $h_c - c = 700 - 30 = 670(\text{mm}) < l_{aE} = 1000\ \text{mm}$，故柱纵筋伸至柱顶弯折 $12d$。 $3600 - \max\{2900/6,500,500\} - 30 + 12 \times 25 = 3370(\text{mm})$	64.98
		根数：5 根	
	外大箍	单根长度：1998.0 mm	34.52
		根数：28 根	
	内小箍	单根长度：1471.3 mm	50.84
		根数：56 根	
合计	柱纵筋质量	$122.55 + 201.30 + 190.50 + 166.59 + 105.28 + 64.98$	851.20
	箍筋质量	$3.70 + 53.01 + 78.07 + 39.45 + 58.10 + (34.52 + 50.84) \times 2$	403.05

5 梁 构 件

5.1 识读梁构件平法施工图

5.1.1 梁构件平法识图知识体系

1. 梁构件的概念和分类

由支座支承,承受的外力以横向力和剪力为主,以弯曲为主要变形的构件称为梁。在建筑结构中,常用的梁有:楼层框架梁、楼层框架扁梁、屋面框架梁、框支梁、托柱转换梁、非框架梁、悬挑梁和井字梁。

框架梁是指两端与框架柱相连的梁,或者两端与剪力墙相连但跨高比不小于 5 的梁。框架梁根据所处的位置,分为楼层框架梁和屋面框架梁。楼层框架梁是指除顶层(屋面层)之外的其他各楼面的框架梁,屋面框架梁是指框架结构屋面最高处的框架梁。

普通矩形截面梁的高宽比 h/b 一般取 2.0~3.5,当梁宽大于梁高时,称为扁梁(或称为宽扁梁、偏平梁、框架扁梁)。

因为建筑功能要求,下部大空间,上部部分竖向构件不能直接连通落地,而通过水平转换结构与下部竖向构件连接,当布置的转换梁支承上部的剪力墙或柱子时,转换梁称为框支梁,支承框架梁的柱称为框支柱。

对于底层作为商场等,上层住宅的底框上剪力墙结构,在剪力墙和底层框架结构连接处要设转换构件,转换梁就是其中一种常用的方式。

在框架结构中框架梁之间设置的将楼板的重量先传给框架梁的其他梁为非框架梁。

两端不都有支撑的,一端埋在或者浇筑在支撑物上,另一端伸出挑出支撑物的梁,即为悬挑梁。

井字梁就是不分主次、高度相当的梁,同位相交,呈井字形。这种梁一般用在楼板是正方形或者长宽比小于 1.5 的矩形楼板,大厅比较多见,梁间距约为 3 m。井字梁是由同一平面内相互正交或斜交的梁所组成的结构构件,又称为交叉梁或格形梁,如图 5-1 所示。

2. 梁构件平法施工图表示方法

梁构件平法施工图是在梁平面布置图上采用平面注写方式或截面注写方式表达的施工图。

梁平面布置图,应分别按梁的不同结构层(标准层),将全部梁和与其相关联的柱、墙、板一起采用适当比例绘制。

在梁平法施工图中,应按《混凝土结构施工图平面整体表示方法制图规则和构造详图

（现浇混凝土框架、剪力墙、梁、板）》(16G101-1)中的规定注明各结构层的顶面标高及相应的结构层号。

对于轴线未居中的梁，应标注其偏心定位尺寸（贴柱边的梁可不注）。

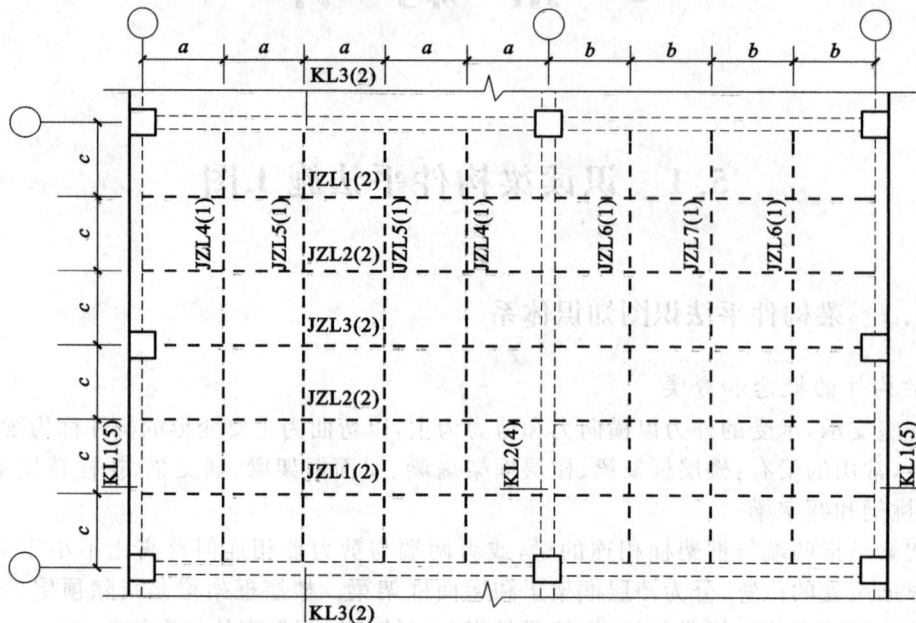

图 5-1　井字梁示意图

3. 梁构件平法识图的知识体系

梁构件平法识图知识体系如图 5-2 所示。

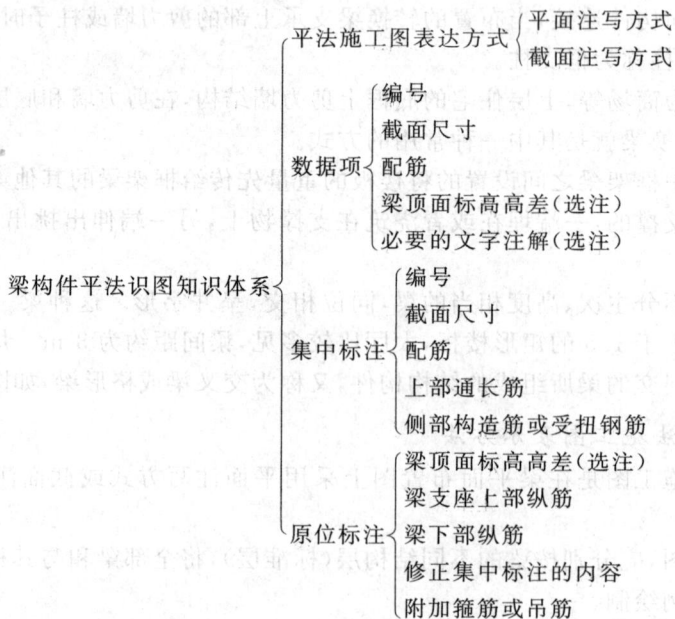

图 5-2　梁构件平法识图知识体系

5.1.2 梁构件钢筋平法识图

1.平面注写方式

平面注写方式,是指在梁平面布置图上,分别在不同编号的梁中各选一根梁,在其上注写截面尺寸和配筋具体数值的方式,以表达梁平法施工图,如图5-3所示。

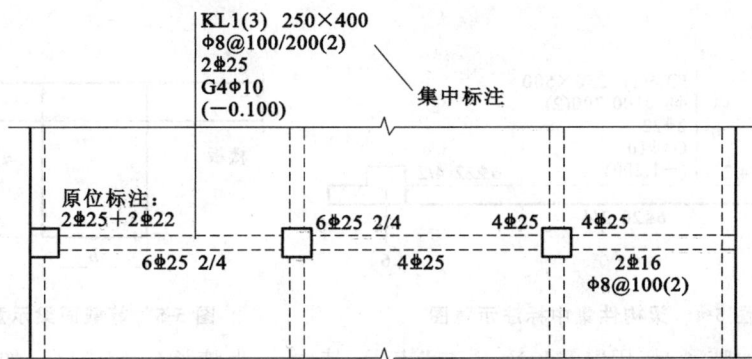

KL1(3) 250×400
Φ8@100/200(2)
2Φ25
G4Φ10
(−0.100)
集中标注

原位标注:
2Φ25+2Φ22

6Φ25 2/4   4Φ25   4Φ25

6Φ25 2/4   4Φ25   2Φ16
Φ8@100(2)

图 5-3　梁构件平面注写方式示意图

平面注写包括集中标注和原位标注。集中标注表达梁的通用数值,原位标注表达梁的特殊数值。当集中标注中的某项数值不适用于梁的某部位时,就将该项数值原位标注。施工时,原位标注取值优先。

(1)梁编号由梁类型代号、序号、跨数及是否带有悬挑代号等组成,如表5-1所示。

表 5-1　　　　　　　　　　　　梁编号

梁类型	代号	序号	跨数及是否带有悬挑
楼层框架梁	KL	××	(××)、(××A)或(××B)
楼层框架扁梁	KBL	××	(××)、(××A)或(××B)
屋面框架梁	WKL	××	(××)、(××A)或(××B)
框支梁	KZL	××	(××)、(××A)或(××B)
托柱转换梁	TZL	××	(××)、(××A)或(××B)
非框架梁	L	××	(××)、(××A)或(××B)
悬挑梁	XL	××	
井字梁	JZL	××	(××)、(××A)或(××B)

注:1.(××A)表示一端有悬挑,(××B)表示两端有悬挑,悬挑不计入跨数。
　　2.楼层框架扁梁节点核芯区代号KBH。
　　3.非框架梁L、井字梁JZL表示端支座为铰接;当非框架梁L、井字梁JZL端支座上部纵筋为充分利用钢筋的抗拉强度时,在梁代号后加"g"。

例如,KL7(5A)表示第7号框架梁,5跨,一端有悬挑;L9(7B)表示第9号非框架梁,7跨,两端有悬挑;Lg7(5)表示第7号非框架梁,5跨,端支座上部纵筋为充分利用钢筋的抗拉强度。

（2）梁集中标注的内容有五项必注值和一项选注值,集中标注可以从梁的任意一跨引出,如图 5-4 所示。

梁构件的集中标注内容如下:

① 梁编号,为必注值。

② 梁截面尺寸,为必注值。

当为等截面梁时,用"$b \times h$"(宽×高,注意梁高是指含板厚在内的梁高度)表示,如图 5-5所示。

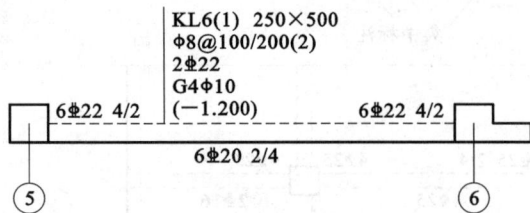

图 5-4　梁构件集中标注示意图　　　　图 5-5　等截面梁示意图

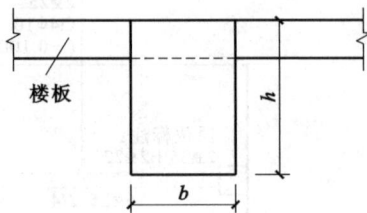

当为竖向加腋梁时,用"$b \times h\ Y c_1 \times c_2$"表示,其中 c_1 为腋长,c_2 为腋高,如图 5-6 所示。

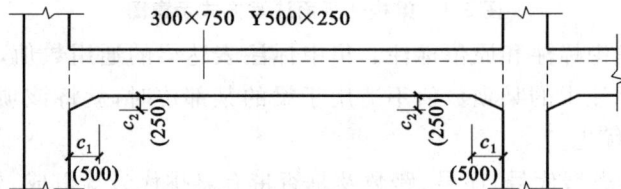

图 5-6　竖向加腋截面注写示意图

当为水平加腋梁时,一侧加腋用"$b \times h\ PY c_1 \times c_2$"表示,其中 c_1 为腋长,c_2 为腋宽,加腋部位应在平面图中绘制,如图 5-7 所示。

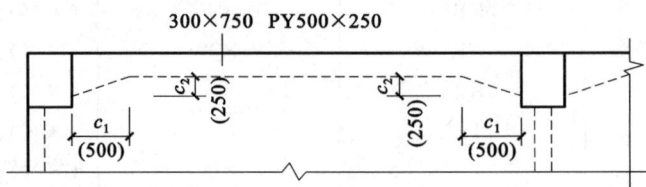

图 5-7　水平加腋截面注写示意图

当有悬挑梁且根部和端部的高度不同时,用斜线分隔根部与端部的高度值,表示为"$b \times h_1 / h_2$",如图 5-8 所示。

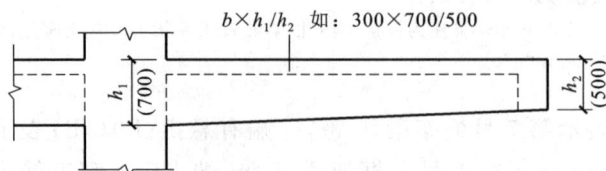

图 5-8　悬挑梁不等高截面注写示意图

③ 梁箍筋,注写钢筋级别、直径、加密区与非加密区间距及肢数等内容,该项为必注值。箍筋加密区与非加密区的不同间距及肢数需用斜线"/"分隔;当梁箍筋为同一种间距及肢数时,不需用斜线;当加密区与非加密区的箍筋肢数相同时,将肢数注写一次;箍筋肢数应注写在括号内。加密区范围见相应抗震等级的标准构造详图。

例如,Φ10@100/200(4),表示箍筋为 HPB300 钢筋,直径为 10 mm,加密区间距为 100 mm,非加密区间距为 200 mm,均为四肢箍。Φ8@100(4)/150(2),表示箍筋为 HPB300 钢筋,直径为 8 mm,加密区间距为 100 mm,四肢箍;非加密区间距为 150 mm,双肢箍。

非框架梁、悬挑梁、井字梁采用不同的箍筋间距及肢数时,用斜线"/"将其分隔开来。注写时,先注写梁支座端部的箍筋(包括箍筋的箍数、钢筋级别、直径、间距与肢数),在斜线后注写梁跨中部分的箍筋间距及肢数。

例如,13Φ10@150/200(4),表示箍筋为 HPB300 钢筋,直径为 10 mm;梁的两端各有 13 个四肢箍,间距为 150 mm;梁跨中部分间距为 200 mm,四肢箍。18Φ12@150(4)/200(2),表示箍筋为 HPB300 钢筋,直径为 12 mm;梁的两端各有 18 个四肢箍,间距为150 mm;梁跨中部分间距为 200 mm,双肢箍。

④ 梁上部通长筋或架立筋配置(通长筋可为相同或不同直径的采用搭接连接、机械连接或焊接的钢筋),该项为必注值。所注规格与根数应根据结构受力要求及箍筋肢数等构造要求而定。当同排纵筋中既有通长筋又有架立筋时,应用加号"+"将通长筋和架立筋相连。注写时需将角部纵筋写在加号的前面,架立筋写在加号后面的括号内,以表示不同直径及与通长筋的区别。当全部采用架立筋时,将其注写入括号内。

例如,2Φ22 用于双肢箍;2Φ22+(4Φ12)用于六肢箍,其中 2Φ22 为通长筋,4Φ12 为架立筋。

当梁的上部纵筋和下部纵筋为全跨相同,且多数跨配筋相同时,此项可加注下部纵筋的配筋值,用分号";"将上部和下部纵筋的配筋值分隔开来;少数跨不同者,用原位标注表达。

例如,3Φ22;3Φ20,表示梁的上部配置 3Φ22 的通长筋,梁的下部配置 3Φ20 的通长筋。

⑤ 梁侧面纵向构造钢筋或受扭钢筋配置,该项为必注值。

当梁腹板高度 $h_w \geq 450$ mm 时,需配置纵向构造钢筋,所注规格与根数应符合规范规定。此项注写值以大写字母"G"打头,接着注写设置在梁两个侧面的总配筋值,且对称布置。

例如,G4Φ12,表示梁的两个侧面共配置 4Φ12 的纵向构造钢筋,每侧各配置 2Φ12。

当梁侧面需配置受扭纵向钢筋时,此项注写值以大写字母"N"打头,接着注写配置在梁两个侧面的总配筋值,且对称配置。受扭纵向钢筋应满足梁侧面纵向构造钢筋的间距要求,且不再重复配置纵向构造钢筋。

例如,N6Φ22,表示梁的两个侧面共配置 6Φ22 的受扭纵向钢筋,每侧各配置 3Φ22。

注:1.当为梁侧面构造钢筋时,其搭接与锚固长度可取为 $15d$;

2.当为梁侧面受扭纵向钢筋时,其搭接长度为 l_l 或 l_{lE},锚固长度为 l_a 或 l_{aE};其锚固方式同框架梁下部纵筋。

⑥ 梁顶面标高高差,该项为选注值。

梁顶面标高高差,是指相对于结构层楼面标高的高差值;对于位于结构夹层的梁,其是指相对于结构夹层楼面标高的高差。有高差时,需将其写入括号内,无高差时不注写。

注:当某梁的顶面高于所在结构层的楼面标高时,其标高高差为正值,反之为负值。

例如,某结构标准层的楼面标高分别为 44.950 m 和 48.250 m,当这两个标高层中某梁的梁顶面标高高差注写为(−0.050)时,表明该梁顶面标高分别相对于 44.950 m 和 48.250 m 低 0.05 m。

(3)梁原位标注的内容。

① 梁支座上部纵筋,指该部位含通长筋在内的所有纵筋,如图 5-9 所示。

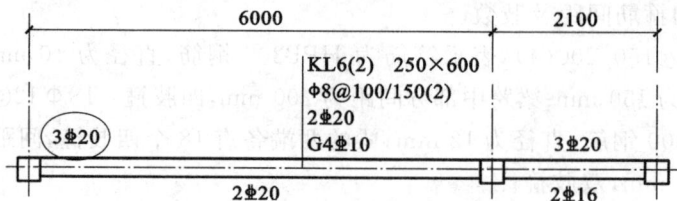

图 5-9 梁支座上部纵筋原位标注示意图

a. 当上部纵筋多于一排时,用斜线"/"将各排纵筋自上而下分开。

例如,某梁支座上部纵筋注写为 6 Φ 25 4/2,表示上一排纵筋为 4 Φ 25,下一排纵筋为 2 Φ 25。

b. 当同排纵筋有两种直径时,用加号"+"将两种直径的纵筋相连,注写时将角部纵筋写在前面。

例如,梁支座上部有四根纵筋,2 Φ 25 放在角部,2 Φ 22 放在中部,则在梁支座上部应注写为 2 Φ 25+2 Φ 22。

c. 当梁中间支座两边的上部纵筋不同时,须在支座两边分别标注;当梁中间支座两边的上部纵筋相同时,可仅在支座的一边标注配筋值,另一边省去不注,如图 5-10 所示。

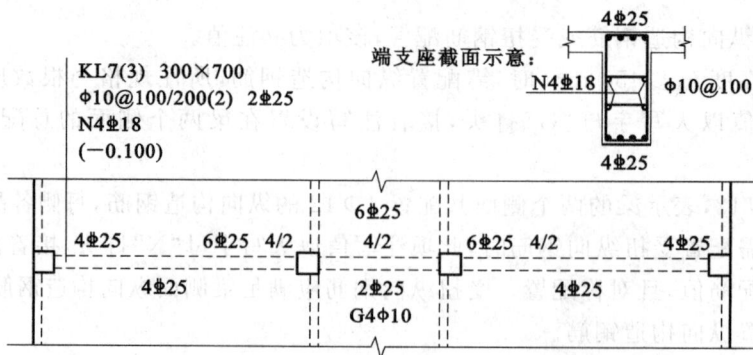

图 5-10 大小跨梁上部纵筋注写示意图

梁原位标注支座上部纵筋识图如表 5-2 所示。

表5-2   梁原位标注支座上部纵筋识图

平法施工图	识图
KL2(3) 250×600 Φ8@100/150(2) 2⊕18 N4⊕10 4⊕18 2/2	上下两排,上排2⊕18是上部通长筋,下排2⊕18是支座负筋
KL2(3) 250×600 Φ8@100/150(2) 2⊕18 N4⊕10 5⊕8 3/2	上下两排,上排2⊕18是上部通长筋,另1⊕18是第一排支座负筋,下排2⊕18是第二排支座负筋
KL2(3) 250×600 Φ8@100/150(2) 2⊕18 N4⊕10 3⊕18　4⊕18 2/2	中间支座两边配筋均为上下两排,上排2⊕18是上部通长筋,下排2⊕18是支座负筋
KL7(3) 300×700 Φ10@100/200(2) 2⊕25 N4⊕18 (-0.100) 4⊕25　6⊕25 4/2　6⊕25 4/2　6⊕25 4/2　4⊕25 4⊕25　2⊕25　4⊕25 G4Φ10	上排2⊕25通长筋,第一跨右端支座第一排支座负筋2⊕25和第二排支座负筋2⊕25贯通第二跨,一直延伸到第三跨
KL6(2) 300×500 Φ8@100/200(2) 4⊕20;2⊕20 6⊕20 4/2　4⊕20　6⊕20 4/2　6⊕20 4/2	支座左侧标注4⊕20,全部为通长筋;右侧6⊕20,上排4根为通长筋,下排2根为支座负筋
WKL2(3) 250×600 Φ8@100/150(2) 2⊕20;2⊕20 G4Φ10　2⊕20+1⊕16	2⊕20是集中标注的上部通长筋,1⊕16是支座负筋

② 梁下部纵筋注写规则如下。

a. 当下部纵筋多于一排时,用斜线"/"将各排纵筋自上而下分开。

例如,某梁下部纵筋注写为6⊕25 2/4,表示上一排纵筋为2⊕25,下一排纵筋为4⊕25,全部伸入支座。

b. 当同排纵筋有两种直径时,用加号"+"将两种直径的纵筋相连,注写时角筋写在前面。

c. 当梁下部纵筋不全部伸入支座时,将梁支座下部纵筋减少的数量写在括号内。

例如,某梁下部纵筋注写为 6ϕ25 2(-2)/4,表示上排纵筋为 2ϕ25,不伸入支座;下一排纵筋为 4ϕ25,全部伸入支座。某梁下部纵筋注写为 2ϕ25+3ϕ22(-3)/5ϕ25,表示上排纵筋为 2ϕ25 和 3ϕ22,其中 3ϕ22 不伸入支座;下一排纵筋为 5ϕ25,全部伸入支座。

d. 当梁的集中标注中已按规定分别注写了梁上部和下部均为通长的纵筋值时,不需在梁下部重复做原位标注。

e. 当梁设置竖向加腋时,加腋部位下部斜纵筋应在支座下部以"Y"打头注写在括号内,如图 5-11 所示。当梁设置水平加腋时,水平加腋内上、下部斜纵筋应在加腋支座上部以"Y"打头注写在括号内,上下部斜纵筋之间用"/"分隔,如图 5-12 所示。

图 5-11 梁竖向加腋平面注写方式表达示意图

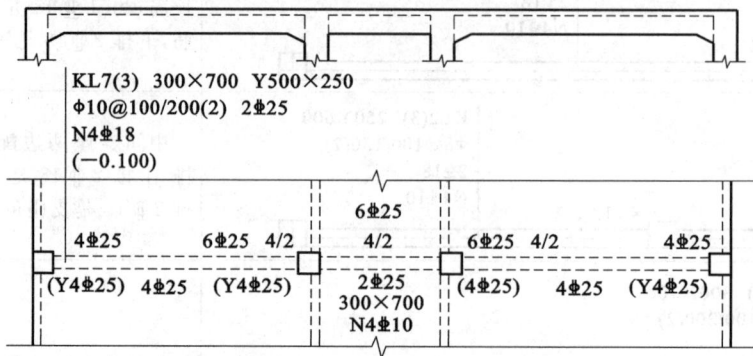

图 5-12 梁水平加腋平面注写方式表达示意图

梁原位标注下部纵筋识图如表 5-3 所示。

表 5-3 梁原位标注下部纵筋识图

平法施工图	识图
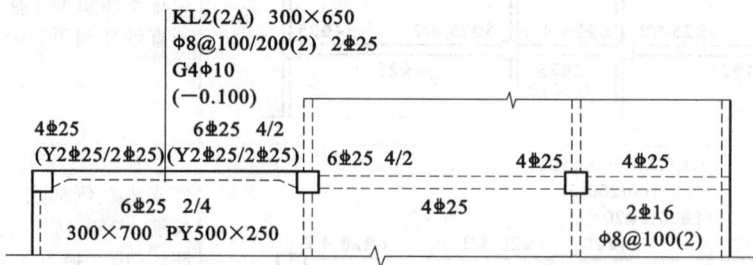	集中标注没有下部通长筋,梁下部钢筋每跨单独标注

平法施工图	识图
KL6(1) 250×500 Φ8@100/200(2) 2Φ22 G4Φ10 (−1.200) 6Φ22 4/2　　　6Φ22 4/2 6Φ20 2/4 ⑤　　　　　⑥	当下部纵筋多于一排时,用斜线"/"将各排纵筋自上而下分开
KL5(2) 300×400 Φ8@100/200(2) 2Φ20;2Φ20 4Φ20(−2)	括号内注写的数字表示不伸入支座钢筋的根数

③ 当在梁集中标注的内容(即梁截面尺寸、箍筋、上部通长筋或架立筋、梁侧面纵向构造钢筋或受扭纵向钢筋,以及梁顶面标高高差中的某一项或几项数值)不适用于某跨或某悬挑部分时,就将其不同数值原位标注在该跨或该悬挑部位,施工时应按原位标注数值取用。如图 5-13 所示,KL6 集中标注的上部通长筋为 2Φ20,第二跨上部通长筋原位修正为 3Φ20,表示第二跨上部有 3 根钢筋贯通本跨。

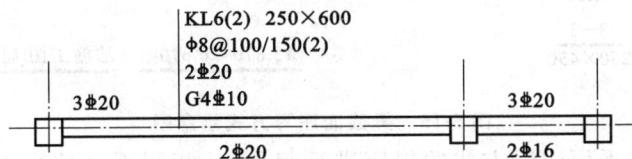

KL6(2) 250×600
Φ8@100/150(2)
2Φ20
G4Φ10
3Φ20　　　　　3Φ20
2Φ20　　　2Φ16

图 5-13　KL6 原位修正示意图

当在多跨梁的集中标注中已注明加腋,而该梁某跨的根部却不需要加腋时,应在该跨原位标注等截面的 $b \times h$,以修正集中标注中的加腋信息,如图 5-11、图 5-12 所示。

④ 附加箍筋或吊筋,将其直接画在平面图中的主梁上,用线引注总配筋值(附加箍筋的肢数注在括号内),如图 5-14 所示。当多数附加箍筋或吊筋相同时,可在梁平面施工图上统一注明,少数与统一注明值不同时再原位引注。

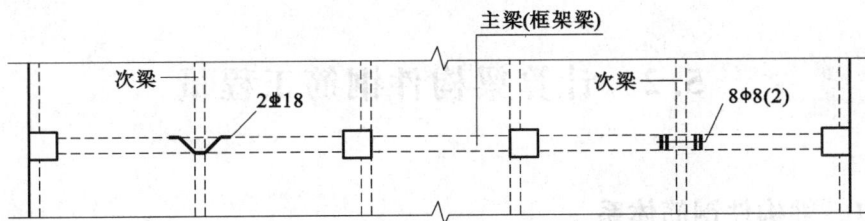

主梁(框架梁)

次梁　　2Φ18　　　　　次梁　　8Φ8(2)

图 5-14　附加箍筋和吊筋示意图

2. 截面注写方式

截面注写方式，是在分标准层绘制的梁平面布置图上，分别在不同编号的梁中各选择一根梁用剖面号引出配筋图，并在其上注写截面尺寸和配筋具体数值的方式，以表达梁平法施工图，如图 5-15 所示。

屋面2	65.670	
塔层2	62.370	3.30
屋面1（塔层1）	59.070	3.30
16	55.470	3.60
15	51.870	3.60
14	48.270	3.60
13	44.670	3.60
12	41.070	3.60
11	37.470	3.60
10	33.870	3.60
9	30.270	3.60
8	26.670	3.60
7	23.070	3.60
6	19.470	3.60
5	15.870	3.60
4	12.270	3.60
3	8.670	3.60
2	4.470	4.20
1	−0.030	4.50
−1	−4.530	4.50
−2	−9.030	4.50
层号	标高/m	层高/m

结构层楼面标高
结构层高

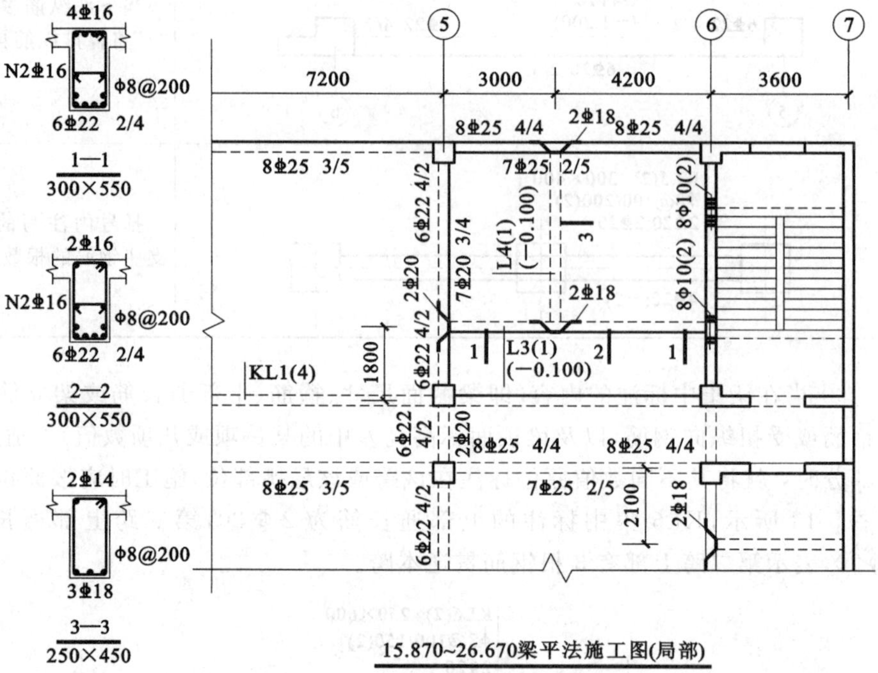

图 5-15　梁截面注写方式示意图

(1) 所有梁都按平面注写方式的规定进行编号，从相同编号的梁中选择一根梁，先将“单边截面号”画在该梁上，再将截面配筋详图画在本图或其他图上。当某梁的顶面标高与结构层的楼面标高不同时，尚应继其梁编号后注写梁顶面标高高差（注写规定与平面注写方式相同）。

(2) 在截面配筋详图上注写截面尺寸 $b \times h$、上部筋、下部筋、侧面构造筋或受扭筋以及箍筋的具体数值时，其表达形式与平面注写方式相同。

(3) 截面注写方式既可以单独使用，也可以与平面注写方式结合使用。

5.2　计算梁构件钢筋工程量

5.2.1　梁构件钢筋体系

梁构件的钢筋构造是指梁构件的各种钢筋在实际工程中可能出现的各种构造情况，梁构件钢筋构造知识体系如图 5-16 所示。

```
                                         ┌ 抗震楼层框架梁纵筋一般构造
                                         │ 非抗震楼层框架梁纵筋一般构造
                                         │ 不伸入支座的下部钢筋构造
                        楼层框架梁 KL 侧部钢筋┤ 中间支座变截面钢筋构造
                                         │ 抗震时箍筋构造
                                         │ 非抗震时箍筋构造
                                         └ 附加吊筋或箍筋
                                         ┌ 抗震屋面框架梁纵筋一般构造
                                         │ 非抗震屋面框架梁纵筋一般构造
                                         │ 不伸入支座的下部钢筋构造
              梁构件钢筋构造知识体系┤  屋面框架梁 WKL 侧部钢筋┤ 中间支座变截面钢筋构造
                                         │ 抗震时箍筋构造
                                         │ 非抗震时箍筋构造
                                         └ 侧部钢筋、附加吊筋或箍筋
                        非框架梁 L:纵筋、箍筋
                        井字梁 JZL:纵筋、箍筋
                        框支梁 KZL:纵筋、箍筋
                        悬挑梁 XL:纵筋、箍筋
                        楼层框架扁梁 KBL:纵筋、箍筋
```

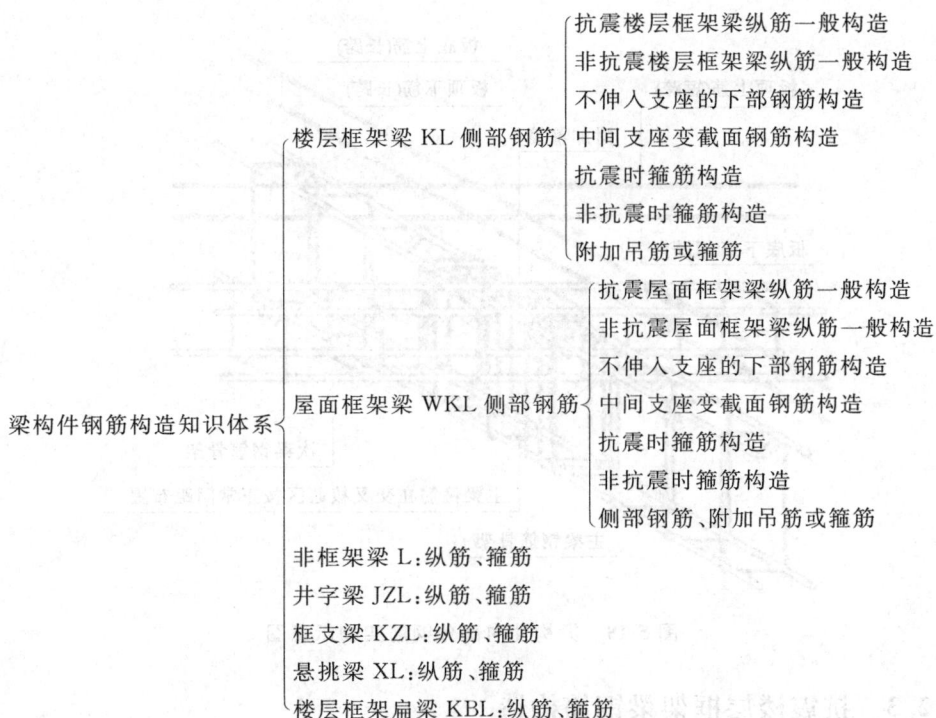

图 5-16 梁构件钢筋构造知识体系

本节主要介绍抗震楼层框架梁 KL、抗震屋面框架梁 WKL 及非框架梁 L 的钢筋构造，其余梁(WKL、JZL、KZL、XL 和 KBL)只针对重点注意部分进行讲解。

5.2.2 梁构件的钢筋骨架

梁构件钢筋骨架中的钢筋种类如图 5-17 所示。

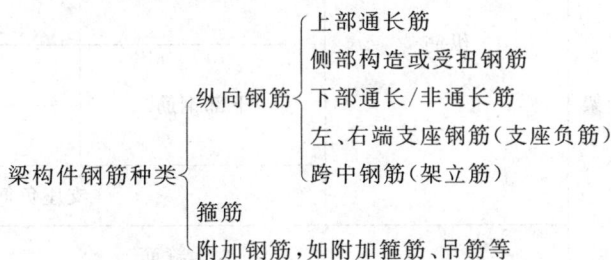

```
                                         ┌ 上部通长筋
                                         │ 侧部构造或受扭钢筋
                           纵向钢筋┤ 下部通长/非通长筋
                                         │ 左、右端支座钢筋(支座负筋)
         梁构件钢筋种类┤              └ 跨中钢筋(架立筋)
                           箍筋
                           附加钢筋,如附加箍筋、吊筋等
```

图 5-17 梁构件钢筋种类

梁构件内部分钢筋的实物示意图如图 5-18 所示。

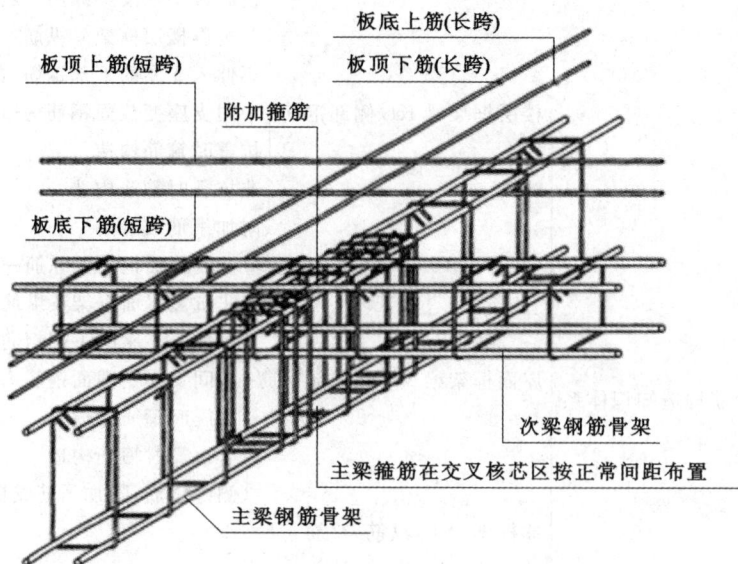

图 5-18　梁构件内部分钢筋实物示意图

5.2.3　抗震楼层框架梁钢筋构造

1. 抗震楼层框架梁钢筋骨架

抗震楼层框架梁钢筋骨架如表 5-4 所示。

表 5-4　　　　　　　　　　　　　　　　抗震楼层框架梁钢筋骨架

抗震楼层框架梁钢筋骨架	纵筋	上部通长筋及架立筋	
		侧部钢筋	侧部构造钢筋
			侧部受扭钢筋
		下部钢筋	通长钢筋
			非通长钢筋
		支座负筋	
	箍筋		
	附加箍筋或吊筋		

2. 抗震楼层框架梁纵向钢筋构造

抗震楼层框架梁纵向钢筋构造总述如表 5-5 所示。

表 5-5 抗震楼层框架梁纵向钢筋构造总述

上、下部纵筋锚固	端支座	直锚
		弯锚
	中间支座不变截面	下部钢筋在节点内直锚
		下部钢筋在节点外搭接
	中间支座变截面	斜弯通过
		断开锚固
	下部不伸入支座钢筋	
	悬挑端	
上部钢筋连接	通长筋直径不同	
	通长筋与架立筋连接	
侧部钢筋	纵向钢筋与拉筋	

（1）上、下部纵筋在端支座的锚固构造。

上、下部纵筋在端支座的锚固构造如表 5-6 所示。

表 5-6 上、下部纵筋端支座锚固构造

类型	构造图	构造要点
端支座弯锚	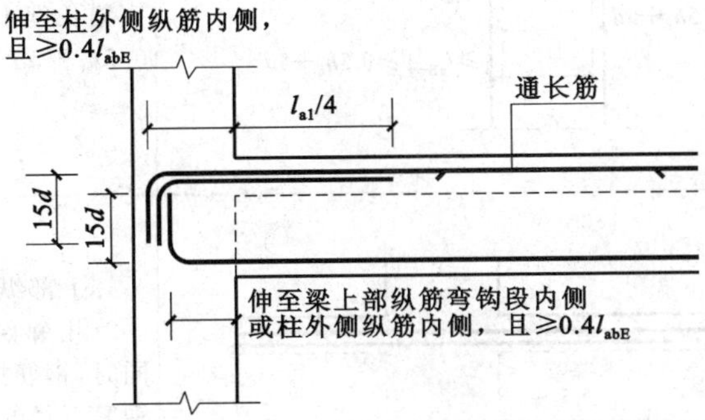 伸至柱外侧纵筋内侧，且≥$0.4l_{abE}$ $l_{a1}/4$ 通长筋 $15d$ $15d$ 伸至梁上部纵筋弯钩段内侧或柱外侧纵筋内侧，且≥$0.4l_{abE}$	支座宽度不够时，采用弯锚：上部纵筋伸至柱外侧纵筋内侧，且不小于 $0.4l_{abE}$；下部纵筋伸至梁上部纵筋弯钩段内侧或柱外侧纵筋内侧，且不小于 $0.4l_{abE}$。弯锚长度 $= h_c - c + 15d$（h_c 为支座宽度，c 为保护层厚度）
端支座直锚	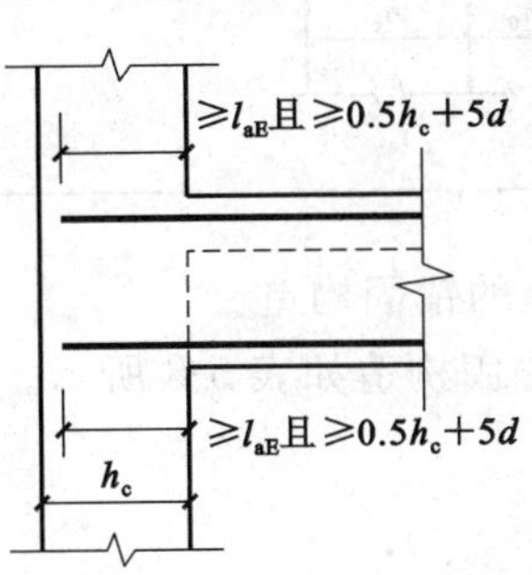 ≥l_{aE}且≥$0.5h_c + 5d$ ≥l_{aE}且≥$0.5h_c + 5d$ h_c	支座宽度够直锚时，采用直锚，直锚长度$= \max\{l_{aE}, 0.5h_c + 5d\}$

类型	构造图	构造要点
端支座加锚头（锚板）锚固	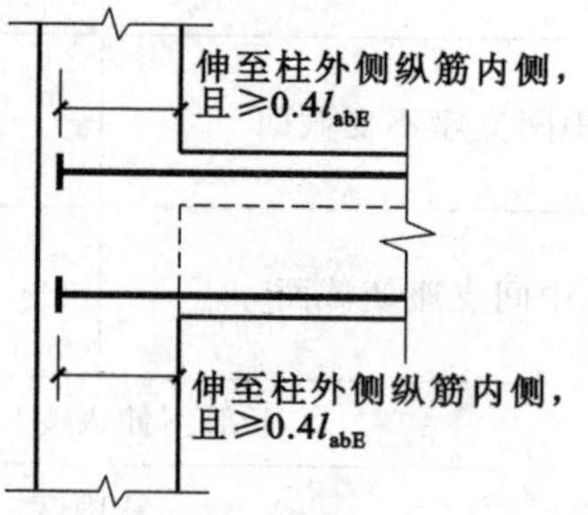 伸至柱外侧纵筋内侧，且≥$0.4l_{abE}$ 伸至柱外侧纵筋内侧，且≥$0.4l_{abE}$	当端部采用加锚头（锚板）锚固时，要求钢筋伸至柱外侧纵筋内侧，且不小于 $0.4l_{abE}$

（2）上、下部纵筋在中间不变截面支座的锚固构造。

上、下部纵筋在中间不变截面支座的锚固构造如表 5-7 所示。

表 5-7　　　　　　　　　　　中间支座不变截面上、下部纵筋构造

类型	构造图	构造要点
不变截面（下部钢筋支座内锚固）	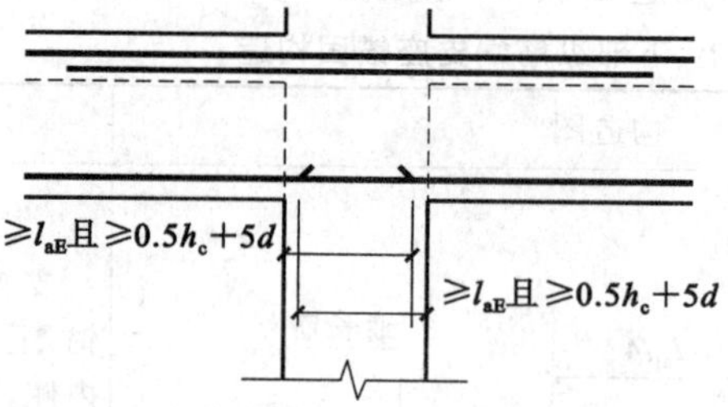 ≥l_{aE}且≥$0.5h_c+5d$　　≥l_{aE}且≥$0.5h_c+5d$	1. 上部纵筋连续通过支座； 2. 下部纵筋在支座内直锚，直锚长度不小于 l_{aE} 且不小于 $0.5h_c+5d$
不变截面（下部钢筋节点外搭接）	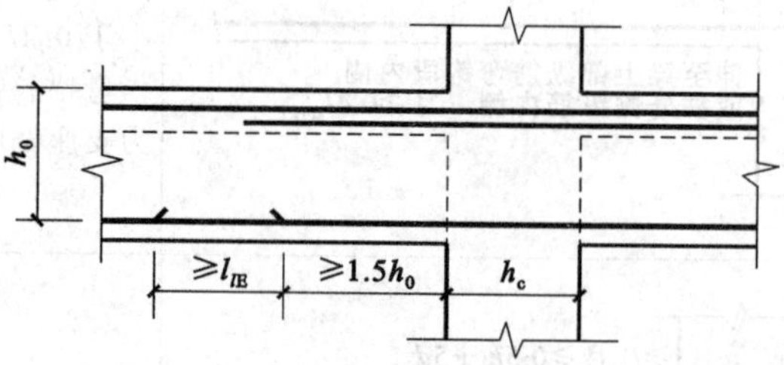 h_0　≥l_{lE}　≥$1.5h_0$　h_c	1. 上部纵筋连续通过支座； 2. 相邻跨下部纵筋直径不同时，钢筋搭接位置位于较小钢筋直径的跨，较大直径钢筋伸至较小直径钢筋跨内，伸入长度为$1.5h_0+l_{lE}$

（3）上、下部纵筋在中间变截面支座的锚固构造。

上、下部纵筋在中间变截面支座的锚固构造如表 5-8 所示。

表 5-8
中间支座变截面上、下部纵筋构造

类型	构造图	构造要点
$\Delta h/(h_c-50)>$ $1/6$	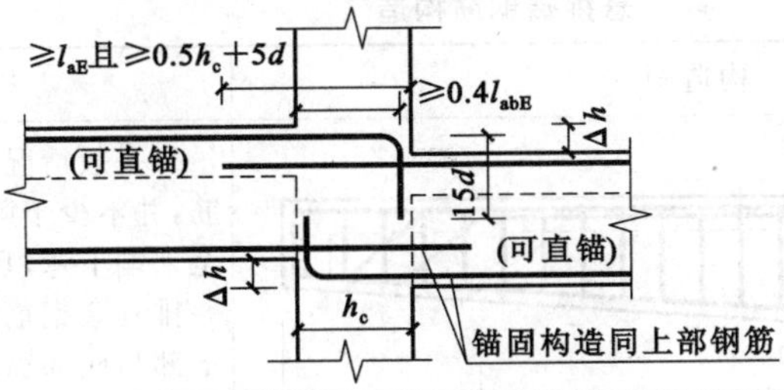 ≥l_{aE}且≥$0.5h_c+5d$　≥$0.4l_{abE}$　Δh（可直锚）　$15d$　Δh（可直锚）　h_c　锚固构造同上部钢筋	上、下部纵筋断开,此支座可作为端支座,锚固构造根据实际情况处理(直锚或弯锚)
$\Delta h/(h_c-50)\leqslant$ $1/6$	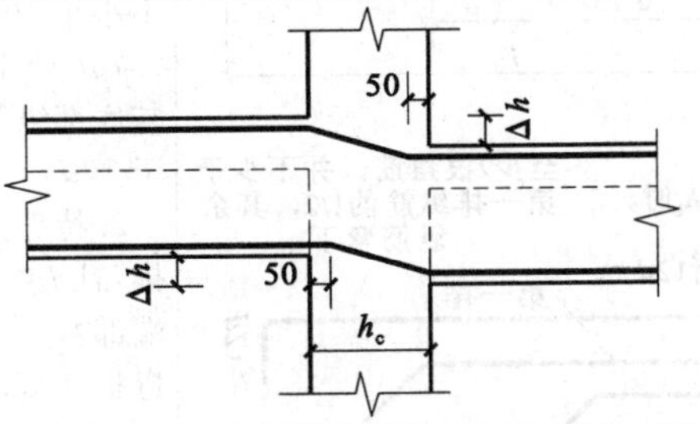 50　Δh　Δh　50　h_c	上、下部纵筋斜弯通过,在支座内的增加长度为 $\sqrt{h_c^2+(\Delta h)^2}$
梁宽度不同	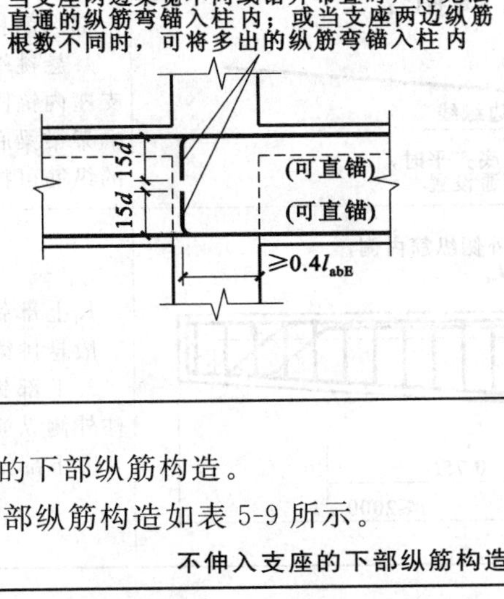 当支座两边梁宽不同或错开布置时,将无法直通的纵筋弯锚入柱内;或当支座两边纵筋根数不同时,可将多出的纵筋弯锚入柱内　$15d$　$15d$（可直锚）（可直锚）　≥$0.4l_{abE}$	宽度较小一侧梁的钢筋通过支座,与宽度较大一侧梁的钢筋贯通相连;宽度较大一侧梁内的不能贯通的钢筋在支座内锚固,锚固形式根据实际情况处理(直锚或弯锚)
支座两边钢筋根数不同		根数较少一侧梁的钢筋通过支座,与根数较大一侧梁的钢筋贯通相连;根数较多一侧梁内的不能贯通的钢筋在支座内锚固,锚固形式根据实际情况处理(直锚或弯锚)

（4）不伸入支座的下部纵筋构造。

不伸入支座的下部纵筋构造如表 5-9 所示。

表 5-9
不伸入支座的下部纵筋构造

构造图	构造要点
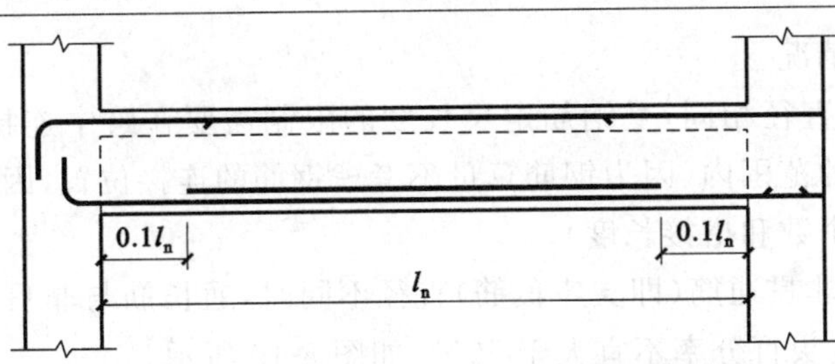 $0.1l_n$　$0.1l_n$　l_n	不伸入支座的钢筋在距离支座$0.1l_n$处截断(l_n为本跨净长),钢筋长度为 $l_n-0.1l_n\times2$

（5）悬挑端钢筋构造。

悬挑端钢筋构造如表 5-10 所示。

表 5-10　　　　　　　　　　　　　　悬挑端钢筋构造

悬挑类型	构造图	构造要点
一般悬挑梁	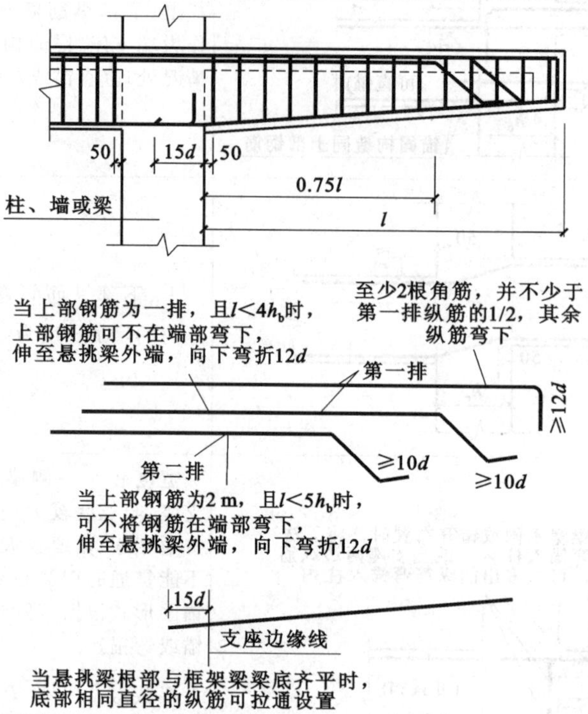	1. 一般情况：上部第一排钢筋角筋，并不少于第一排纵筋的 1/2，伸至末端下弯，且不小于 12d；上部第一排其余钢筋下弯（45°下弯，弯到下部与底部纵筋平行，平直段长度不小于 10d）；上部第二排钢筋伸至 0.75l 处下弯（45°下弯，弯到下部与底部纵筋平行，平直段长度不小于 10d）。 2. 特殊情况：当上部钢筋只有一排，且 l<4h_b 时，上部钢筋可不在端部弯下，伸至悬挑梁外端，向下弯折 12d；当上部钢筋为两排，且 l<5h_b 时，可不将钢筋在端部弯下，伸至悬挑梁外端向下弯折 12d。 3. 上部钢筋在支座处与梁跨内上部纵筋相连。 4. 悬挑端下部钢筋伸入支座，在支座内锚固 15d。当悬挑梁根部与框架梁梁底齐平时，底部相同直径的纵筋可拉通设置
纯悬挑梁	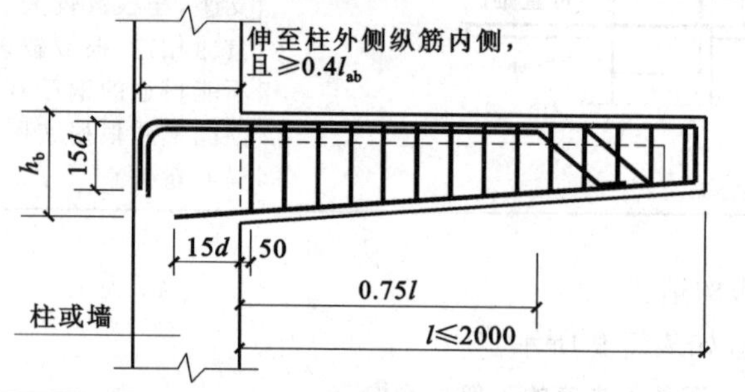	1. 上部钢筋在悬挑端的构造同一般悬挑梁； 2. 上部钢筋在支座内全部伸至柱外侧纵筋内侧，向下弯折 15d； 3. 下部钢筋在支座内锚固 15d

（6）上部钢筋的连接。

上部钢筋的连接分为如下三种情况。

① 第一种情况为上部贯通纵筋直径相同，受钢筋定尺长度的限制需要在跨中连接，此时主要考虑连接位置位于跨中 1/3 的范围内（因为钢筋算量不考虑钢筋的连接位置，因此在算量时只需要按定尺长度计算接头个数和搭接长度）。

② 第二种情况为上部通长筋与非贯通筋（即支座负筋）直径不同时，通长筋与非贯通筋搭接 l_{lE}，且在同一连接区段内钢筋接头百分率不宜大于 50%，如图 5-19 所示。

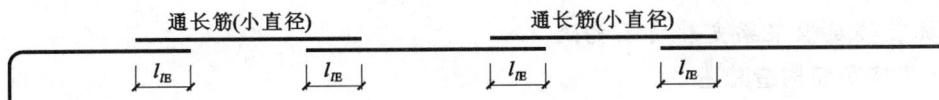

图 5-19 上部通长筋连接(上部通长筋与非贯通筋直径不同时)

③ 第三种情况为架立筋与非贯通筋(即支座负筋)连接,架立筋与非贯通筋搭接 150 mm,如图 5-20 所示。

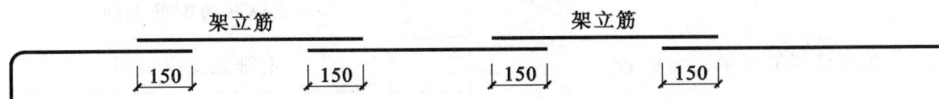

图 5-20 架立筋与非贯通筋(即支座负筋)连接

(7) 侧部钢筋构造。

当梁腹板高度 $h_w \geqslant 450$ mm 时,在梁的侧面应沿高度配置纵向构造钢筋,纵向构造钢筋间距 $a \leqslant 200$ mm。

当梁侧面配有直径不小于构造纵筋的受扭纵筋时,受扭钢筋可以代替构造钢筋。

① 侧部钢筋构造如表 5-11 所示。

表 5-11 侧部钢筋构造

钢筋类型	构造详图	构造要点
侧部构造钢筋		搭接和锚固长度取 15d
侧部受扭钢筋		搭接长度为 l_{lE} 或 l_l,锚固长度为 l_{aE} 或 l_a

② 侧部钢筋的拉筋构造如表 5-12 所示。

表 5-12 侧部钢筋的拉筋构造

拉筋构造图		
拉筋同时勾住纵筋和箍筋	拉筋紧靠纵向钢筋并勾住箍筋	拉筋紧靠箍筋并勾住纵筋

构造要点

1. 非框架梁以及不考虑地震作用的悬挑梁,拉筋弯钩平直段长度可为 5d;当其受扭时,应为 10d。

2. 拉筋直径:当梁宽不大于 350 mm 时,拉筋直径为 6 mm;当梁宽大于 350 mm 时,拉筋直径为 8 mm。

3. 拉筋间距为非加密区间距的 2 倍。当设有多排拉筋时,上下两排拉筋竖向错开设置

3.抗震楼层框架梁支座负筋构造

（1）支座负筋构造总述。

支座负筋构造总述如表 5-13 所示。

表 5-13   支座负筋构造总述

	一般情况
抗震楼层框架梁支座负筋	支座两边配筋不同
	上排无支座负筋
	贯通小跨
	设计注写了支座负筋的延伸长度

（2）支座负筋一般构造情况。

支座负筋一般构造如表 5-14 所示。

表 5-14   支座负筋一般构造

构造详图	伸至柱外侧纵筋内侧，且 $\geqslant 0.4l_{abE}$ $15d$ $15d$ $l_n/3$ $l_n/4$ $l_n/3$ $l_n/4$ $l_n/3$ $l_n/4$ 端支座处构造　　　　　　　　　　中间支座处构造
构造要点	1.支座负筋端部锚固同上部通长筋，分为直锚和弯锚两种。 2.支座负筋由支座向跨内延伸，延伸长度从支座边算起：上排支座负筋延伸长度为 $l_n/3$，下排支座负筋延伸长度为 $l_n/4$。 3.l_n 取值规定：端支座为本跨的净跨长，中间支座为相邻两跨净跨长的较大值
计算公式	1.上排支座负筋长度。 （1）端支座：弯锚，$h_c-c+15d+l_n/3$；直锚，$\max\{l_{aE},0.5h_c+5d\}+l_n/3$。 （2）中间支座：$h_c+2\times l_n/3$。 2.下排支座负筋长度。 （1）端支座：弯锚，$h_c-c+15d+l_n/4$；直锚，$\max\{l_{aE},0.5h_c+5d\}+l_n/4$。 （2）中间支座：$h_c+2\times l_n/4$

（3）支座负筋在支座两边配筋不同的构造。

支座负筋在支座两边配筋不同的构造如表 5-15 所示。

表 5-15 **支座负筋在支座两边配筋不同的构造**

构造详图	
构造要点	配筋少一侧的纵筋穿过支座,伸入另一侧;配筋多一侧的纵筋在中间支座内锚固,锚固长度同上部通长筋端部支座锚固
计算公式	1. 贯穿支座的支座负筋长度计算同中间支座负筋长度计算。 (1) 第一排:$h_c+2\times l_n/3$; (2) 第二排:$h_c+2\times l_n/4$。 2. 非贯通支座的支座负筋长度计算同端支座负筋长度计算。 (1) 第一排:弯锚,$h_c-c+15d+l_n/3$;直锚,$\max\{l_{aE},0.5h_c+5d\}+l_n/3$。 (2) 第二排:弯锚,$h_c-c+15d+l_n/4$;直锚,$\max\{l_{aE},0.5h_c+5d\}+l_n/4$

(4) 上排无支座负筋构造。

当上排全部是通长筋时,第二排支座负筋延伸长度按一般情况下的第一排支座负筋构造,取 $l_n/3$,依次类推,具体构造和长度计算同表 5-14 规定。

(5) 支座负筋贯通小跨构造。

支座负筋贯通小跨构造如表 5-16 所示。

表 5-16 **支座负筋贯通小跨构造**

构造详图	
构造要点	当某梁跨较小,左右两侧的支座负筋在此跨内连接时,标注在跨中的钢筋直接贯通
计算公式	1. 第一排支座负筋长度:$l_{n1}/3+h_{c1}+l_{n2}+h_{c2}+l_{n3}/3$; 2. 第一排支座负筋长度:$l_{n1}/4+h_{c1}+l_{n2}+h_{c2}+l_{n3}/4$。 其中,$l_{n1}$、$l_{n3}$ 分别为贯通小跨左、右跨净跨长;h_{c1}、h_{c2} 为贯通小跨左、右支座宽度;l_{n2} 为贯通小跨的净跨长

4. 架立筋构造

当同排纵筋中既有通长筋又有架立筋时,架立筋标注在"+"后的括号内;当全部为架立筋时,架立筋直接标注在括号内。其构造见表 5-17。

表 5-17 架立筋构造

构造详图	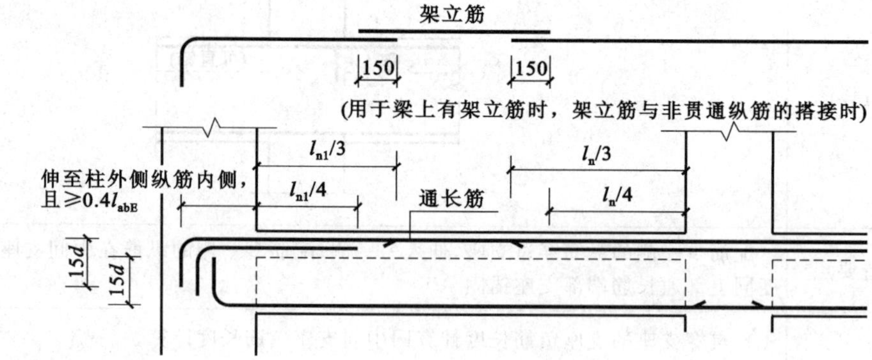
构造要点	架立筋与支座负筋搭接 150 mm
计算公式	架立筋长度 $= l_n -$ 左右两端支座负筋延伸长度 $+ 150 \times 2$

5. 箍筋构造

抗震楼层框架梁箍筋构造如表 5-18 所示。

表 5-18 抗震楼层框架梁箍筋构造

构造分类	构造详图	构造要点及计算公式
箍筋长度	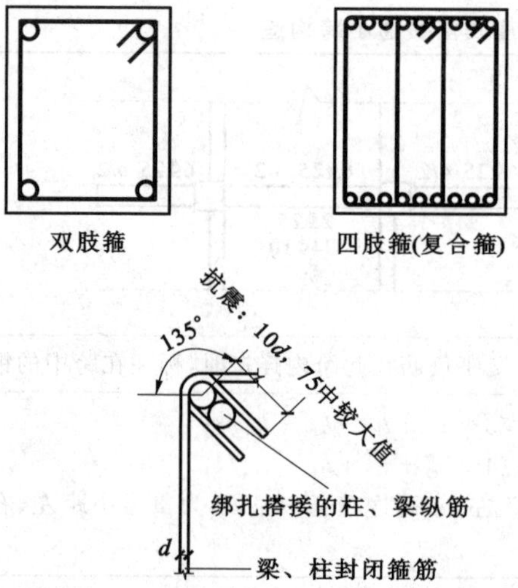	构造要点： 1.抗震框架梁封闭箍筋，末端做成 $135°$ 弯钩，弯钩平直段长度取 $\max\{10d, 75\}$； 2.箍筋长度按外边线考虑 计算公式： 1.外大箍长度： $[(b-2c)+(h-2c)] \times 2 + (1.9d + \max\{10d, 75\}) \times 2$ 2.内小箍长度： $[(b-2c-2d-D)/3 + D + 2d] \times 2 + (h-2c) \times 2 + (1.9d + \max\{10d, 75\}) \times 2$

构造分类	构造详图	构造要点及计算公式
箍筋根数	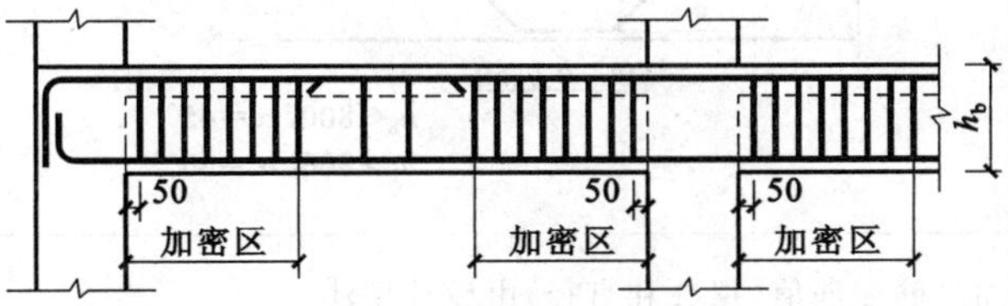 构造一 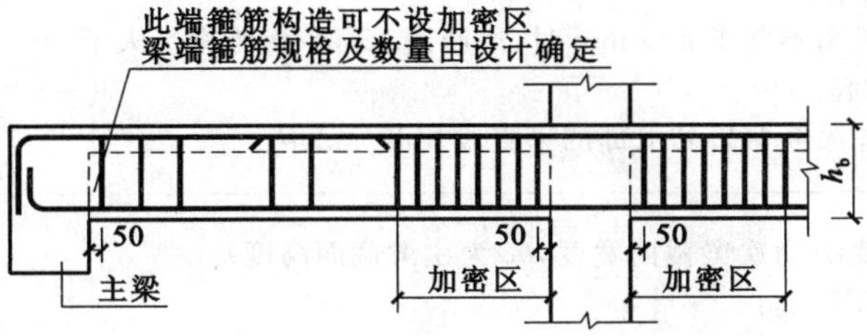 此端箍筋构造可不设加密区 梁端箍筋规格及数量由设计确定 主梁 构造二	1. 箍筋起步距离:距离支座边50 mm。 2. 加密区位于梁跨两端,加密区范围:一级抗震,不小于 $2.0h_b$ 且不小于 500 mm;二～四级抗震,不小于 $1.5h_b$ 且不小于 500 mm(为梁截面高度)。 3. 当梁的支座为另一向的主梁(见构造二)时,此端箍筋构造可不设加密,梁端箍筋规格及数量由设计确定
		根数: 1. 一级抗震。 两端加密区(两端数量相同): $(\max\{2.0h_b,500\}-50)/S_{加密}+1$ 中间非加密区: $(l_n-\max\{2.0h_b,500\}\times2)/S_{非加密}-1$ 2. 二～四级抗震。 两端加密区(两端数量相同): $(\max\{1.5h_b,500\}-50)/S_{加密}+1$ 中间非加密区: $(l_n-\max\{1.5h_b,500\}\times2)/S_{非加密}-1$

6. 附加箍筋和吊筋构造

附加箍筋和附加吊筋构造如表 5-19 所示。

表 5-19 　　　　　　　　　　附加箍筋和附加吊筋构造

附加箍筋	构造详图	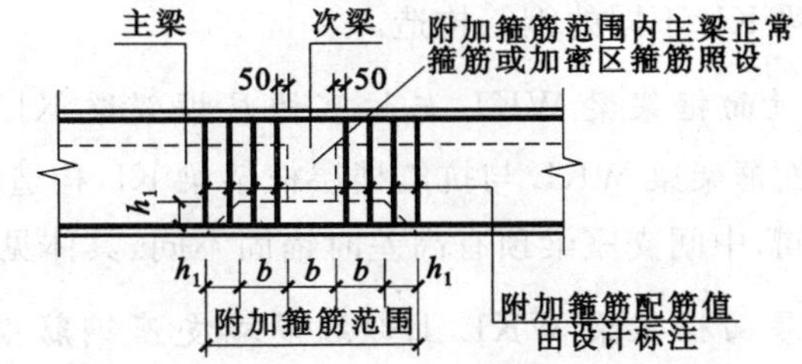 主梁　　次梁　　附加箍筋范围内主梁正常箍筋或加密区箍筋照设 h_1　b　b　b　h_1 附加箍筋范围　　附加箍筋配筋值由设计标注
	构造要点	1. 附加箍筋布置范围内,主梁正常箍筋或加密区箍筋照设; 2. 附加箍筋配筋值(根数和直径)由设计标注; 3. 附加箍筋布置在主梁上
	计算公式	1. 长度:同主梁正常箍筋外大箍; 2. 根数:按标注的设计值确定

附加吊筋	构造详图	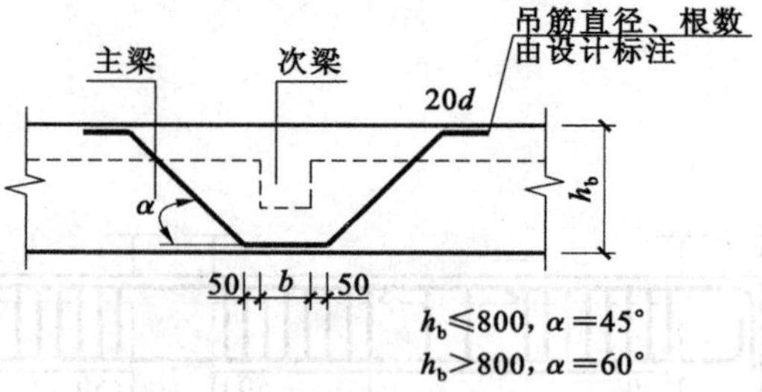 主梁　次梁　吊筋直径、根数由设计标注　20d $h_b \leq 800, \alpha = 45°$ $h_b > 800, \alpha = 60°$
	构造要点	1.附加吊筋配筋值(根数和直径)由设计标注。 2.吊筋高度按主梁高度计算(非次梁),吊筋底边宽度按次梁宽每边加50 mm计算。 3.当梁高不大于800 mm时,吊筋按45°弯起;当梁高大于800 mm时,吊筋按60°弯起。 4.附加吊筋弯折到上部的平直段长度为20d
	计算公式	1.长度(b为次梁截面宽度,h_b为主梁截面高度)。 (1)45°弯起: $$b+50\times2+20d\times2+\sqrt{2}(h_b-2c)\times2$$ (2)60°弯起: $$b+50\times2+20d\times2+\frac{2\sqrt{3}}{3}(h_b-2c)\times2$$ 2.根数:按标注的设计值确定

5.2.4 抗震屋面框架梁钢筋构造

抗震屋面框架梁 WKL 钢筋构造是以抗震楼层框架梁 KL 为基础,现重点分析其与抗震楼层框架梁 KL 不同的钢筋构造。

1.抗震屋面框架梁 WKL 与抗震楼层框架梁 KL 构造的主要区别

抗震屋面框架梁 WKL 与抗震楼层框架梁 KL 构造的主要区别有:上部纵筋锚固方式、锚固长度不同,中间支座梁顶有高差时锚固不同,具体见下文介绍。

2.抗震屋面框架梁 WKL 上部纵筋端支座钢筋锚固构造

抗震屋面框架梁 WKL 上部纵筋端支座钢筋锚固构造如表 5-20 所示。

表 5-20　　　　　　　　　抗震屋面框架梁 WKL 上部纵筋端支座钢筋锚固构造

构造详图	构造要点	计算公式
 构造一	第一种构造（俗称柱包梁）：柱外侧纵筋从梁底算起伸入 $1.5l_{abE}$ 且水平段长度不小于 $15d$ 梁内钢筋伸至支座端部向下弯折到梁底且不小于 $15d$	锚固长度： $h_c-c+\max\{h_b-c,\ 15d\}$ 其中，c 为保护层厚度；h_c 为柱截面宽度；h_b 为梁截面高度
 构造二	第二种构造（俗称梁包柱）：柱外侧纵筋直接伸至梁顶，梁上部纵筋伸至支座端部向下弯折，弯折长度不小于 $1.7l_{abE}$；当梁上部纵向钢筋配筋率大于 1.2% 时，应分成两批截断，当梁上部纵筋为两排时，先断第二排钢筋	锚固长度： $h_c-c+1.7l_{abE}$ 其中，c 为保护层厚度；h_c 为柱截面宽度

3. 抗震屋面框架梁 WKL 中间支座变截面构造

抗震屋面框架梁 WKL 中间支座变截面构造如表 5-21 所示。

表 5-21　　　　　　　　　抗震屋面框架梁 WKL 中间支座变截面构造

构造详图	构造要点	计算公式
	若梁顶高差 $\Delta h/(h_c-50)>1/6$，上部通长筋断开： （1）高位钢筋，伸至支座端部向下弯折，弯折长度从低位梁顶面算起 l_{aE}； （2）低位钢筋，直锚入支座	1. 高位钢筋： $h_c-c+\Delta h-c+l_{aE}$ 2. 低位钢筋： $\max\{l_{aE},0.5h_c+5d\}$
	1. 变截面梁宽度不同或错开布置，将无法贯通的上部纵筋弯锚入支座内，弯折 l_{aE}；无法贯通的下部纵筋锚入支座内，弯折 $15d$，满足直锚条件时也可按直锚处理。 2. 支座两边纵筋根数不同时，将多出的上部纵筋弯锚入支座内，弯折 l_{aE}；多出的下部纵筋锚入支座内，弯折 $15d$，满足直锚条件时也可按直锚处理	1. 上部钢筋（全部弯锚）： h_c-c+l_{aE} 2. 下部钢筋： 弯锚，$h_c-c+15d$；直锚，$\max\{l_{aE},0.5h_c+5d\}$

5.2.5 非框架梁钢筋构造

1.非框架梁钢筋骨架

非框架梁钢筋骨架如图 5-21 所示。

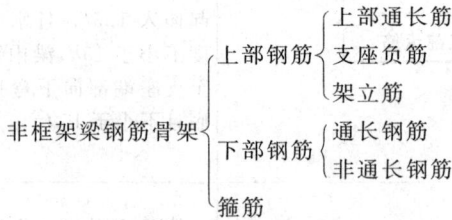

非框架梁钢筋骨架
- 上部钢筋
  - 上部通长筋
  - 支座负筋
  - 架立筋
- 下部钢筋
  - 通长钢筋
  - 非通长钢筋
- 箍筋

图 5-21　非框架梁钢筋骨架

2.上部钢筋端支座构造

上部钢筋端支座构造如表 5-22 所示。

表 5-22　上部钢筋端支座构造

构造详图	伸至支座对边弯折 设计按铰接时: ≥$0.35l_{ab}$ 充分利用钢筋的抗拉强度时: ≥$0.6l_{ab}$ 伸入端支座直段长度满足l_a时,可直锚 设计按铰接时: $l_{n1}/5$ 充分利用钢筋的抗拉强度时: $l_{n1}/3$ 50　150　(通长筋)架立筋 15d 带肋钢筋12d 光圆钢筋15d
构造要点	1.当纵筋伸入端支座直段长度满足 l_a 时,可直锚; 2.当纵筋不能直锚时,上部钢筋伸至支座尽端,向下弯折 15d
计算公式	1.直锚:l_a; 2.弯锚:$b-c+15d$。 其中,b 为支座宽度,c 为保护层厚度

3.上部纵筋在中间支座变截面断开锚固构造

上部纵筋在中间支座变截面断开锚固构造如表 5-23 所示。

表 5-23   上部纵筋在中间支座变截面断开锚固构造

中间支座变截面	构造详图	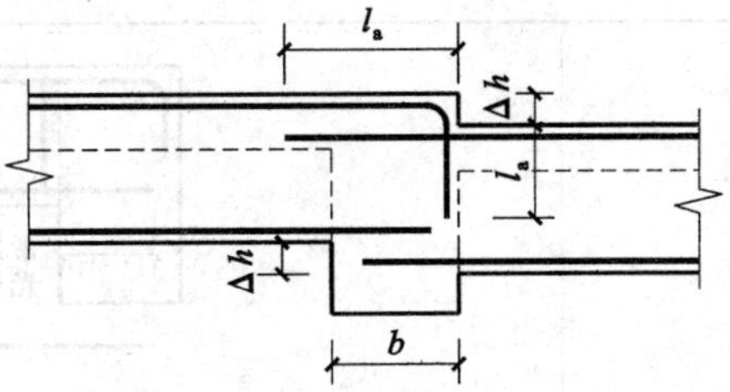
	构造要点	梁顶有高差,上部钢筋在支座处断开锚固: (1) 高位钢筋,伸至支座尽端向下弯折,弯折长度从低位梁顶面算起 l_a; (2) 低位钢筋,直锚入梁内 l_a。
	计算公式	1.高位钢筋:$b-c+\Delta h-c+l_a$; 2.低位钢筋:l_a。
中间支座梁宽不同或钢筋根数不同	构造详图	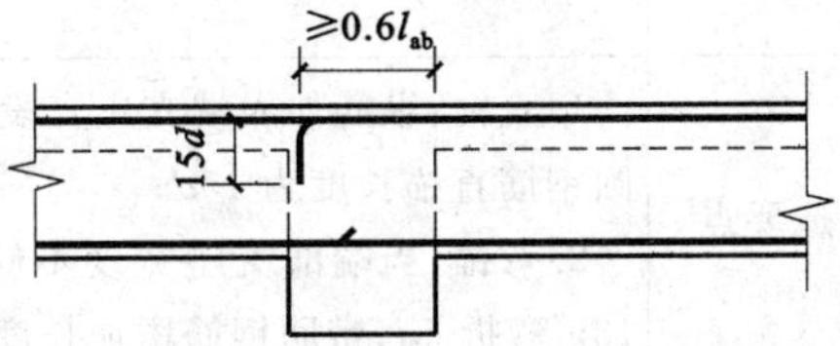 当支座两边梁宽不同或错开布置时,将无法直通的纵筋弯锚入柱内;或当支座两边纵筋根数不同时,可将多出的纵筋弯锚入柱内,梁下部纵向筋锚固要求见《混凝土结构施工图平面整体表示方法制图规则和构造详图(现浇混凝土框架、剪力墙、梁、板)》(16G101-1)第 89 页
	构造要点	1.变截面梁宽度不同或错开布置时,将无法直通的上部纵筋弯锚入支座内,弯折长度为 $15d$; 2.支座两边纵筋根数不同时,将多出的上部纵筋弯锚入支座内,弯折长度为 $15d$。
	计算公式	上部钢筋(只能弯锚):$b-c+15d$。 其中,b 为支座宽度,c 为保护层厚度

4.下部钢筋构造(不包括受扭非框架梁)

下部钢筋构造(不包括受扭非框架梁)如表 5-24 所示。

表 5-24 下部钢筋构造(不包括受扭非框架梁)

端支座	构造详图	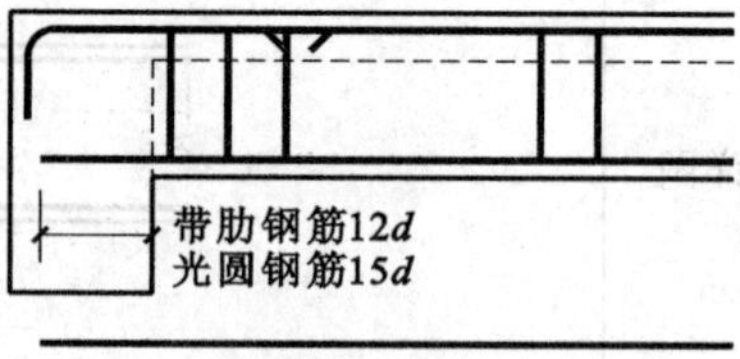 带肋钢筋12*d* 光圆钢筋15*d* 直锚构造 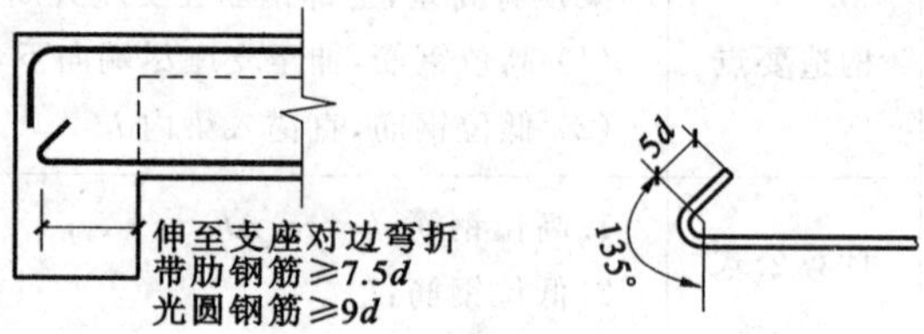 伸至支座对边弯折 带肋钢筋≥7.5*d* 光圆钢筋≥9*d* 5*d* 135° 弯锚构造
	构造要点	1.直锚:纵筋伸入端支座直段长度满足 l_a 时,带肋钢筋直锚长度为 12*d*,光圆钢筋直锚长度为 15*d*; 2.弯锚:当端部支座宽度不够直锚时,采用弯锚,下部钢筋伸至支座对边135°弯折 5*d*;带肋钢筋增加长度不小于 7.5*d*,光圆钢筋增加长度不小于 9*d*
	计算公式	1.直锚:12*d*(15*d*); 2.弯锚:$b-c+7.5d(9d)$。 其中,*b* 为支座宽度,*c* 为保护层厚度
中间支座	构造详图	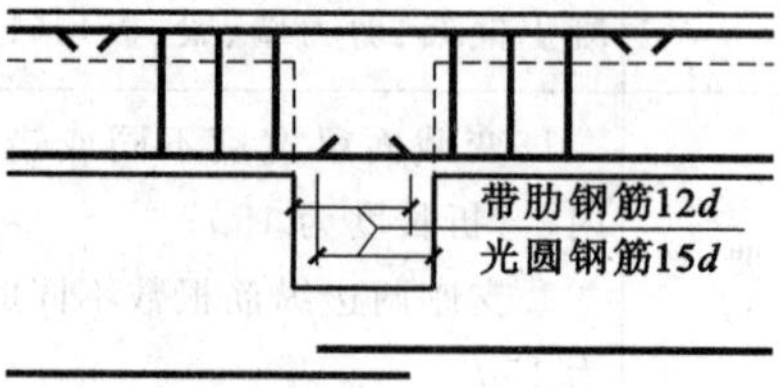 带肋钢筋12*d* 光圆钢筋15*d*
	构造要点	下部钢筋在中间支座内直锚
	计算公式	锚固长度:12*d*(15*d*)

5.支座负筋、架立筋构造

支座负筋、架立筋构造如表 5-25 所示。

表 5-25　　　　　　　　　　　支座负筋、架立筋构造

		构造要点：
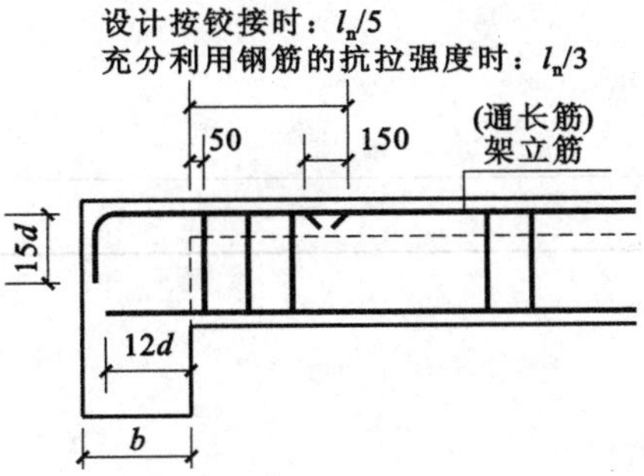 　端支座构造 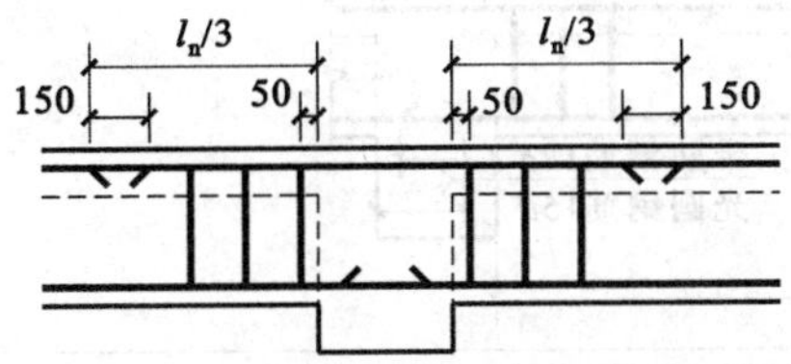 　中间支座构造	支座 负筋	1. 对于端支座，支座负筋锚固同上部通长筋；跨内延伸长度，设计按铰接时为 $l_n/5$，充分利用钢筋的抗拉强度时为 $l_n/3$。 2. 对于中间支座，支座负筋贯穿支座，延伸跨内长度为 $l_n/3$
		计算公式： 1. 端支座。 （1）直锚：$l_a + l_n/5（l_n/3）$； （2）弯锚：$b - c + 15d + l_n/5（l_n/3）$。 2. 中间支座：$b + 2 \times l_n/3$。 其中，$b$ 为支座宽度，c 为保护层厚度
	架立筋	构造要点： 架立筋与支座负筋搭接 150 mm
		计算公式： l_n — 两端支座负筋延伸长度 $+ 2 \times 150$

6.受扭非框架梁受扭钢筋、下部钢筋构造

受扭非框架梁受扭钢筋、下部钢筋构造如表 5-26 所示。

表 5-26　　　　　　　　　　　受扭非框架梁纵筋构造

构造详图		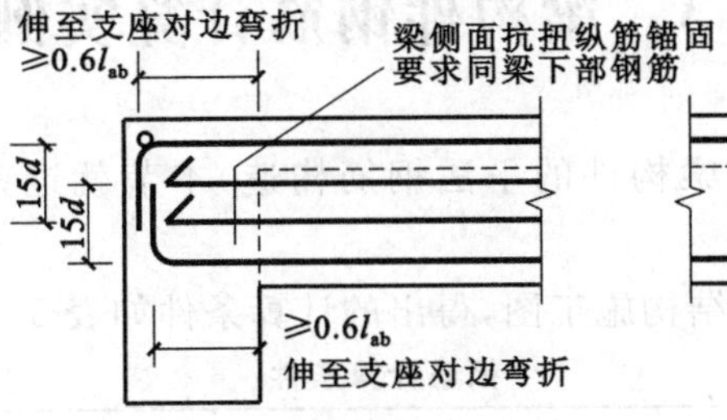 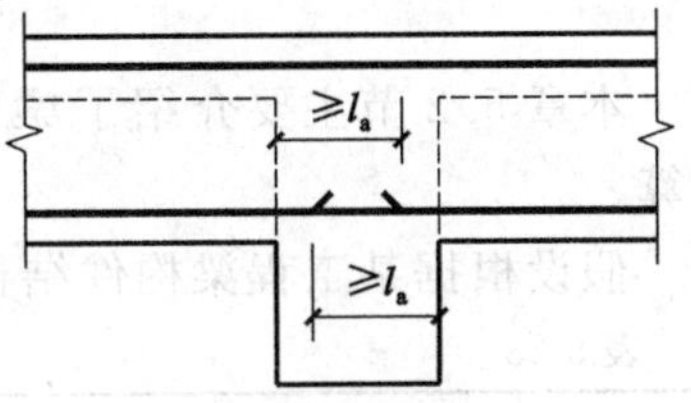
构造要点	下部钢筋	1. 端支座。 （1）直锚：纵筋伸入端支座直段长度满足 l_a 时，可直锚，带肋钢筋直锚长度为 $12d$，光圆钢筋直锚长度为 $15d$； （2）弯锚：当端部支座宽度不够直锚时，采用弯锚，下部钢筋伸至支座对边弯折 $15d$。 2. 中间支座。 下部钢筋在中间支座直锚，且不小于 l_a
	受扭钢筋	梁侧面抗扭纵筋锚固要求同梁下部钢筋

续表

计算公式	下部钢筋	1.端支座。 (1) 直锚:12d(15d); (2) 弯锚:b−c+15d。 2.中间支座(全部为直锚):l_a
	受扭钢筋	同梁下部钢筋

7.箍筋构造

箍筋构造如表 5-27 所示。

表 5-27　箍筋构造

构造详图	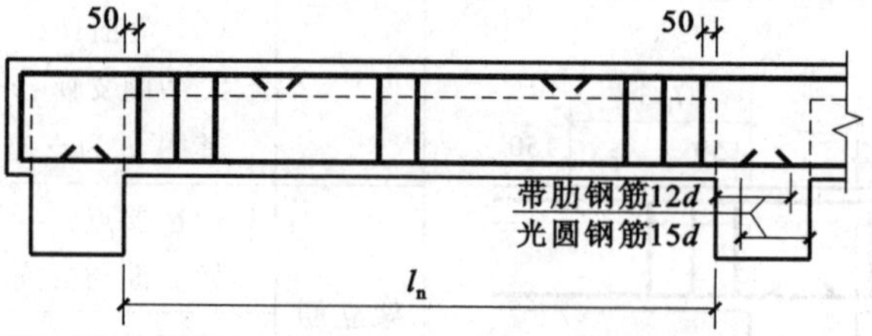
构造要点	1.箍筋没有加密区,如果端部采用不同间距的箍筋,则需单独标注; 2.箍筋的起步距离为 50 mm
计算公式	1.长度:同表 5-18; 2.根数:(l_n−2×50)/S+1

5.3　梁构件钢筋计算实例

本章 5.2 节主要介绍了梁构件的平法钢筋构造,本节就这些钢筋构造情况进行举例计算。

假设根据某工程梁构件结构施工图,得出的计算条件如表 5-28 所示。

表 5-28　钢筋计算条件

计算条件	数据
梁构件混凝土强度	C30
结构抗震等级	二级
梁构件纵筋连接方式	焊接
钢筋定尺长度	8000 mm(以湖南省消耗量标准为例)
梁保护层厚度 c	30 mm
柱保护层厚度 c	30 mm

(1) 计算图 5-22 所示 KL1 的钢筋工程量(计算过程中,钢筋长度以 mm 为单位,保留整数;质量以 kg 为单位,保留两位小数)。

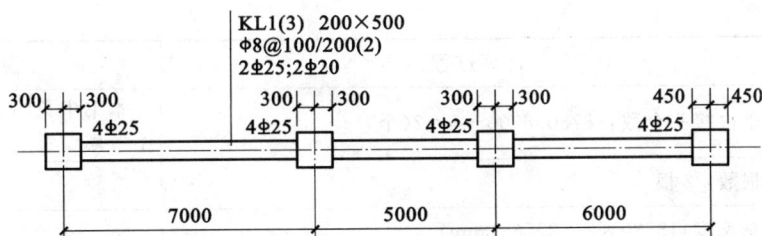

KL1(3) 200×500
Φ8@100/200(2)
2Φ25;2Φ20

300 300   300 300   300 300   450 450
4Φ25   4Φ25   4Φ25   4Φ25

7000   5000   6000

图 5-22 KL1 平法示意图

① 根据已知条件,确定相关计算参数,见表 5-29。

表 5-29   **KL1 钢筋计算参数**

参数名称	参数值
梁保护层厚度 c	30 mm
柱保护层厚度 c	30 mm
抗震锚固长度 l_{aE}	$l_{aE}=33d$
箍筋起步距离	50 mm

② 钢筋计算过程见表 5-30。

表 5-30   **钢筋计算过程**

钢筋类型	计算过程	说明
上部通长筋 2Φ25	判断端支座锚固方式: (1) 左端支座宽 $h_c-c=600-30=570(mm)<l_{aE}=33d=33\times25=825(mm)$,故上部通长筋在左端支座处为弯锚; (2) 右端支座宽 $h_c-c=900-30=870(mm)>l_{aE}=33d=33\times25=825(mm)$,故上部通长筋在右端支座处为直锚	
	单根长度: 全跨净长+左端锚固长度+右端锚固长度=$(7000+5000+6000-300-450)+(600-30+15\times25)+max\{33\times25,0.5\times900+5\times25\}=17250+945+825=19020(mm)$	端支座弯锚长度: $h_c-c+15d$ 端支座直锚长度: $max\{l_{aE},0.5h_c+5d\}$
	单根接头个数:19020/8000-1=2(个)	本书中只考虑接头的个数,不考虑位置
	根数:2 根	
	总长度:19020×2=38040(mm)	
下部通长筋 2Φ20	判断端支座锚固方式: (1) 左端支座宽 $h_c-c=600-30=570(mm)<l_{aE}=33d=33\times20=660(mm)$,故下部通长筋在左端支座处为弯锚; (2) 右端支座宽 $h_c-c=900-30=870(mm)>l_{aE}=33d=33\times20=660(mm)$,故下部通长筋在右端支座处为直锚	
	单根长度: 全跨净长+左端锚固长度+右端锚固长度=$(7000+5000+6000-300-450)+(600-30+15\times20)+max\{33\times20,0.5\times900+5\times20\}=17250+870+660=18780(mm)$	端支座弯锚长度: $h_c-c+15d$ 端支座直锚长度: $max\{l_{aE},0.5h_c+5d\}$

钢筋类型	计算过程		说明
下部通长筋 2Φ20	单根接头个数:18780/8000−1＝2(个)		本书中只考虑接头的个数,不考虑位置
	根数:2根		
	总长度:18780×2＝37560(mm)		
支座负筋 2Φ25	单根长度: 第一个支座处:锚固长度＋$l_n/3$＝600−30＋15×25＋(7000−300−300)/3＝3079(mm) 第二个支座处:h_c＋左、右两跨延伸长度＝600＋2×(7000−300−300)/3＝4867(mm) 第三个支座处:h_c＋左、右两跨延伸长度＝600＋2×(6000−300−450)/3＝4100(mm) 第四个支座处:锚固长度＋$l_n/3$＝max{33×20,0.5×900＋5×20}＋(6000−300−450)/3＝2410(mm)		端支座的支座负筋的锚固形式同上部通长筋,故左端为弯锚,右端为直锚。 第一排支座负筋长度: (1)端支座。 弯锚: $h_c−c＋15d＋l_n/3$ 直锚: max{l_{aE},0.5h_c＋5d}＋$l_n/3$ (2)中间支座:$h_c＋2×l_n/3$
	根数:每个支座均有2根		
	总长度:(3079＋4867＋4100＋2410)×2＝14456×2＝28912(mm)		
箍筋 Φ8@100/ 200(2)	加密区长度:max{1.5h_b,500}＝max{1.5×500,750}＝750(mm) 加密区根数:(750−50)/100＋1＝8(根) 加密区总根数:2×8×3＝48(根) 非加密区根数: 第一跨:(7000−300−300−750×2)/200−1＝24(根) 第二跨:(5000−300−300−750×2)/200−1＝14(根) 第三跨:(6000−300−450−750×2)/200−1＝18(根) 非加密区总根数:24＋14＋18＝56(根) 总根数:48＋56＝104(根)		二~四级抗震。 两端加密区(两端数量相同)根数: (max{1.5h_b,500}−50)/$S_{加密}$＋1 中间非加密区根数: (l_n−max{1.5h_b,500}×2)/$S_{非加密}$−1
	单根长度:[($b−2c$)＋($h−2c$)]×2＋(1.9d＋max{10d,75})×2＝[(200−2×30)＋(500−2×30)]×2＋(1.9×8＋max{10×8,75})×2＝1351(mm)		双肢箍长度: [($b−2c$)＋($h−2c$)]×2＋(1.9d＋max{10d,75})×2
	总长度:1351×104＝140504(mm)		

③ 钢筋汇总表如表 5-31 所示。

表 5-31　　　　　　　　　　　　　　钢筋汇总表

钢筋规格	钢筋比重/(kg/m)	钢筋名称	总长度/m	重量计算式	总重/kg
Φ25	3.853	上部通长筋	38.040	3.853×38.040＝146.57	257.97
		支座负筋	28.912	3.853×28.912＝111.40	
Φ20	2.466	下部通长筋	37.560	2.466×37.560＝92.62	92.62
Φ8	0.395	箍筋	140.504	0.395×140.504＝55.50	55.50

（2）计算图 5-23 所示 WKL1 的钢筋工程量（计算过程中，钢筋长度以 mm 为单位，保留整数；质量以 kg 为单位，保留两位小数）。

WKL1(3) 200×500
Φ8@100/200(4)
2Φ20;4Φ25

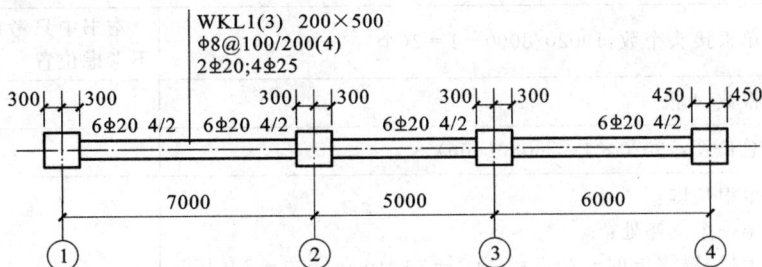

图 5-23 WKL1 平法示意图

① 根据已知条件，确定相关计算参数，见表 5-32。

表 5-32   **WKL1 钢筋计算参数**

参数名称	参数值
梁保护层厚度 c	30 mm
柱保护层厚度 c	30 mm
抗震锚固长度 l_{aE}	$l_{aE}=33d$
箍筋起步距离	50 mm

② 钢筋计算过程见表 5-33。

表 5-33   **钢筋计算过程**

钢筋类型	计算过程	说明
上部通长筋 2Φ20	单根长度： 全跨净长＋左端锚固长度＋右端锚固长度＝$(7000+5000+6000-300-450)+(600-30+\max\{500-35,15\times20\})+(900-30+\max\{500-35,15\times20\})=17250+1035+1335=19620(mm)$	常采用柱包梁构造形式，锚固长度为 $h_c-c+\max\{h_b-c,15d\}$
	单根接头个数：$19620/8000-1=2$（个）	本书中只考虑接头的个数，不考虑位置
	根数：2根	
	总长度：$19620\times2=39240(mm)$	
下部通长筋 4Φ25	判断端支座锚固方式： （1）左端支座宽 $h_c-c=600-30=570(mm)<l_{aE}=33d=33\times25=825(mm)$，故下部通长筋在左端支座处为弯锚； （2）右端支座宽 $h_c-c=900-35=865(mm)>l_{aE}=33d=33\times25=825(mm)$，故下部通长筋在右端支座处为直锚	
	单根长度： 全跨净长＋左端锚固长度＋右端锚固长度＝$(7000+5000+6000-300-450)+(600-30+15\times25)+\max\{33\times25,0.5\times900+5\times25\}=17250+945+825=19020(mm)$	端支座弯锚长度： $h_c-c+15d$ 端支座直锚长度： $\max\{l_{aE},0.5h_c+5d\}$

钢筋类型	计算过程	说明
下部通长筋 4 Φ 25	单根接头个数:19020/8000－1＝2(个)	本书中只考虑接头的个数,不考虑位置
	根数:4 根	
	总长度:19020×4＝76080(mm)	
支座负筋 4 Φ 20 2/2	单根长度: 第一个支座处: 上排:锚固长度＋l_n/3＝(600－30＋max{500－30,15×20})＋(7000－300－300)/3＝3174(mm) 下排:锚固长度＋l_n/4＝(600－30＋max{500－30,15×20})＋(7000－300－300)/4＝2640(mm) 第二个支座处: 上排:h_c＋左、右两跨延伸长度＝600＋2×(7000－300－300)/3＝4867(mm) 下排:h_c＋左、右两跨延伸长度＝600＋2×(7000－300－300)/4＝3800(mm) 第三个支座处: 上排:h_c＋左、右两跨延伸长度＝600＋2×(6000－300－450)/3＝4100(mm) 下排:h_c＋左、右两跨延伸长度＝600＋2×(6000－300－450)/4＝3225(mm) 第四个支座处: 上排:锚固长度＋l_n/3＝(900－30＋max{500－30,15×20})＋(6000－300－300)/3＝3140(mm) 下排:锚固长度＋l_n/4＝(900－30＋max{500－30,15×20})＋(6000－300－300)/4＝2690(mm)	端支座的支座负筋的构造形式同上部通长筋,故均伸至支座端部向下弯折至梁底且不小于15d;同时在此处支座负筋需分两排考虑。 端支座锚固长度: $h_c－c＋\max\{h_b－c,15d\}$
	根数:每个支座处上、下排各有 2 根	
	总长度: (3174＋2640＋4867＋3800＋4100＋3225＋3140＋2690)×2＝27636×2＝55272(mm)	
箍筋 Φ 8@100/200(4)	加密区长度:max{1.5h_b,500}＝max{1.5×500,750}＝750(mm) 加密区根数:(750－50)/100＋1＝8(根) 加密区总根数:2×8×3＝48(根) 非加密区根数: 第一跨:(7000－300－300－750×2)/200－1＝24(根) 第二跨:(5000－300－300－750×2)/200－1＝14(根) 第三跨:(6000－300－450－750×2)/200－1＝18(根) 非加密区总根数:24＋14＋18＝56(根) 总根数:48＋56＝104(根)	二至四级抗震: 两端加密区(两端数量相同)根数: $(\max\{1.5h_b,500\}－50)/S_{加密}＋1$ 中间非加密区根数: $(l_n－\max\{1.5h_b,500\}×2)/S_{非密}－1$

钢筋类型	计算过程	说明
箍筋 $\Phi 8@100/$ $200(4)$	单根长度: 外大箍:$[(b-2c)+(h-2c)]\times 2+(1.9d+\max\{10d,$ $75\})\times 2=[(200-2\times 30)+(500-2\times 30)]\times 2+(1.9\times 8+$ $\max\{10\times 8,75\})\times 2=1351(\text{mm})$ 内小箍:$[(b-2c-2d-D)/3+D+2d]\times 2+(h-2c)\times$ $2+(1.9d+\max\{10d,75\})\times 2=[(200-2\times 30-2\times 8-$ $25)/3+25+2\times 8]\times 2+(500-2\times 30)\times 2+(1.9\times 8+$ $\max\{10\times 8,75\})\times 2=1219(\text{mm})$	1.外大箍长度: $[(b-2c)+(h-2c)]\times 2+$ $(1.9d+\max\{10d,75\})\times 2$ 2.内小箍长度: $[(b-2c-2d-D)/3+D+$ $2d]\times 2+(h-2c)\times 2+$ $(1.9d+\max\{10d,75\})\times 2$
	总长度:$(1351+1219)\times 104=2570\times 104=267280(\text{mm})$	

③ 钢筋汇总表如表 5-34 所示。

表 5-34 **钢筋汇总表**

钢筋规格	钢筋比重/(kg/m)	钢筋名称	总长度/m	重量计算式	总重/kg
$\Phi 20$	2.466	上部通长筋	39.240	$2.466\times 39.240=96.77$	233.07
		支座负筋	55.272	$2.466\times 55.272=136.30$	
$\Phi 25$	3.853	下部通长筋	76.080	$3.853\times 76.080=293.14$	293.14
$\Phi 8$	0.395	箍筋	267.280	$0.395\times 267.280=105.58$	105.58

(3) 计算图 5-24 所示 L1 的钢筋工程量,图示中未标明轴线与梁 L1 的位置关系,现假设轴线居中(计算过程中,钢筋长度以 mm 为单位,保留整数;质量以 kg 为单位,保留两位小数)。

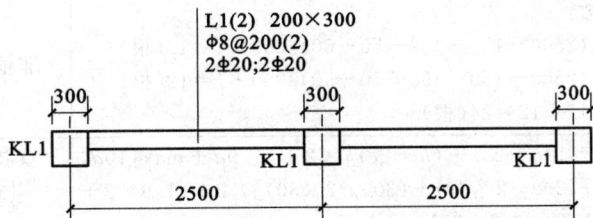

图 5-24 L1 平法示意图

① 根据已知条件,确定相关计算参数,见表 5-35。

表 5-35 **L1 钢筋计算参数**

参数名称	参数值	参数名称	参数值
梁保护层厚度 c	30 mm	锚固长度 l_a	$l_a=29d$
柱保护层厚度 c	30 mm	箍筋起步距离	50 mm

② 钢筋计算过程见表 5-36。

表 5-36   **钢筋计算过程**

钢筋类型	计算过程	说明
上部通长筋 2Φ20	判断端支座锚固方式： (1) 左端支座宽 $b-c=300-30=270(mm)<l_a=29d=29\times25=725(mm)$，故上部通长筋在左端支座处为弯锚； (2) 右端支座宽 $b-c=300-30=270(mm)<l_a=29d=29\times25=725(mm)$，故上部通长筋在右端支座处为弯锚	
	单根长度： 全跨净长＋左端锚固长度＋右端锚固长度＝(2500＋2500－150－150)＋(300－30＋15×25)＋(300－30＋15×25)＝4700＋645＋645＝5990(mm)	弯锚长度：$b-c+15d$
	根数：2 根	
	总长度：5990×2＝11980(mm)	
下部通长筋 2Φ20	判断端支座锚固方式： (1) 左端支座宽 $b-c=300-30=270(mm)<12d=12\times25=300(mm)$，故下部通长筋在左端支座处为弯锚； (2) 右端支座宽 $b-c=300-30=270(mm)<12d=12\times25=300(mm)$，故下部通长筋在右端支座处为弯锚	
	单根长度： 全跨净长＋左端锚固长度＋右端锚固长度＝(2500＋2500－150－150)＋(300－30＋7.5×25)＋(300－30＋7.5×25)＝4700＋457.5＋457.5＝5615(mm)	弯锚长度：$b-c+7.5d$
	根数：2 根	
	总长度：5615×2＝11230(mm)	
箍筋 Φ8@200(2)	箍筋根数： 第一跨：(2500－150－150－50－50)/200＋1＝12(根) 第二跨：(2500－150－150－50－50)/200＋1＝12(根) 总根数：12＋12＝24(根)	非框架梁没有加密区
	单根长度：$[(b-2c)+(h-2c)]\times2+(1.9d+\max\{10d,75\})\times2=[(200-2\times30)+(300-2\times30)]\times2+(1.9\times8+\max\{10\times8,75\})\times2=951(mm)$	双肢箍长度：$[(b-2c)+(h-2c)]\times2+(1.9d+\max\{10d,75\})\times2$
	总长度：24×951＝22824(mm)	

③ 钢筋汇总表如表 5-37 所示。

表 5-37   **钢筋汇总表**

钢筋规格	钢筋比重/(kg/m)	钢筋名称	总长度/m	重量计算式	总重/kg
Φ20	2.466	上部通长筋	11.980	2.466×11.980＝29.54	57.23
		下部通长筋	11.230	2.466×11.230＝27.69	
Φ8	0.395	箍筋	22.824	0.395×22.824＝9.02	9.02

6 板 构 件

6.1 识读板构件平法施工图

6.1.1 板构件平法识图知识体系

1.板构件的概念和分类

板是一种分隔承重构件。它将房屋垂直方向分隔为若干层,并把其上部的竖向荷载及楼板自重通过墙体、梁或柱传给基础。按位置分为普通板和悬挑板,按所在的标高位置分为楼板和屋面板;楼板按结构类型分为板式楼板、肋形楼板和无梁楼板三种。

板式楼板是指当承重墙的间距不大时,将楼板的两端直接支承在墙体上,而不设梁和柱的板构件。根据受力情况,其可分为单向板和双向板。《混凝土结构设计规范(2015 年版)》(GB 50010—2010)规定,沿两对边支承的板应按单向板计算。对于四边支承的板,当长边与短边长度之比不大于 2.0 时,应按双向板计算;当长边与短边长度之比大于 2.0,但小于 3.0 时,宜按双向板计算;当长边与短边长度之比不小于 3.0 时,宜按沿短边方向受力的单向板计算,并应沿长边方向布置构造钢筋。

肋形楼板是在楼板内设置梁,梁有主梁和次梁,主梁沿房间布置,次梁与主梁一般垂直相交,板搁置在次梁上,次梁搁置在主梁上,主梁搁置在墙或柱上,所以板内荷载通过梁传至墙或者柱子上。

无梁楼板是将板直接支承在墙或柱上,而不设梁的楼板。为减少板跨,改善板的受力条件和加强柱对板的支承作用,一般在柱的顶部设柱帽或托板等,以增大柱的支承面积。

2.板构件平法识图的知识体系

板构件平法识图知识体系如表 6-1 所示。

表 6-1　　　　　　　　　　　　**板构件平法识图知识体系**

平法表达方式	集中标注方式
	原位标注方式

续表

有梁楼盖平法施工图 表示方法数据项	板块集中标注	板块编号
		板厚注写
		贯通纵筋
		板面标高高差
	板支座原位标注	板支座上部非贯通纵筋
		悬挑板上部受力钢筋
无梁楼盖平法施工图 表示方法数据项	本章节不涉及相关内容	
楼板相关构造	本章节针对某些构造作简单介绍	

6.1.2 有梁楼盖平法施工图识读

有梁楼盖的制图规则适用于以梁为支座的楼面与屋面板平法施工图设计。

1. 有梁楼盖平法施工图的表示方法

(1) 有梁楼盖平法施工图,是在楼面板和屋面板布置图上,采用平面注写表达方式的施工图,如图 6-1 所示。板平面注写主要包括板块集中标注和板支座原位标注两种。

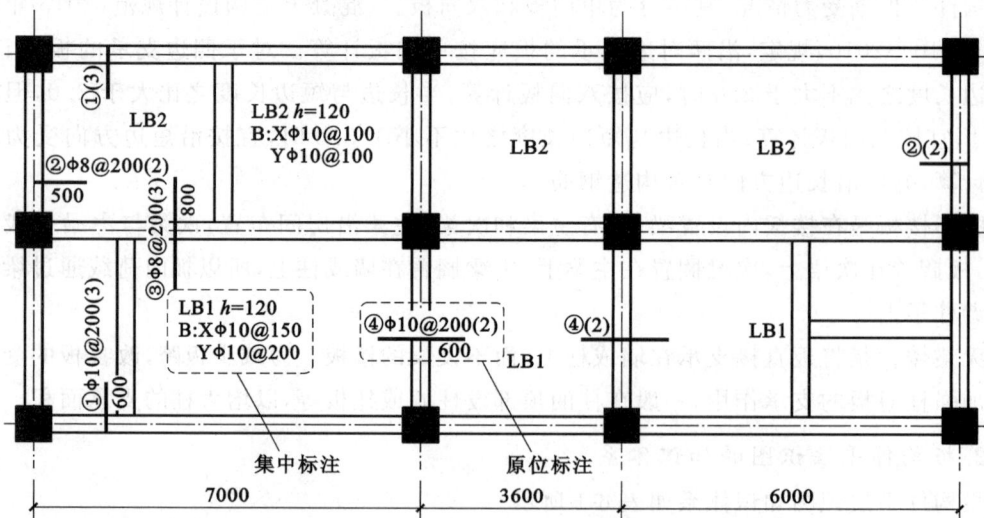

图 6-1 有梁楼盖平法表达方式示意图

(2) 为方便设计表达和施工识图,结构平面的坐标方向规定如下:

① 当两向轴网正交布置时,图面从左至右为 x 向,从下至上为 y 向;

② 当轴网转折时,局部坐标方向顺轴网转折角度做相应转折;

③ 当轴网向心布置时,切向为 x 向,径向为 y 向。

此外,对于平面布置比较复杂的区域,如轴网转折交界区域、向心布置的核心区域等,其平面坐标方向应由设计者另行规定并在图上明确表示。

2.板块集中标注

（1）板块集中标注的内容为板块编号、板厚、上部贯通纵筋、下部纵筋，以及当板面标高不同时的标高高差，如图 6-2 所示。

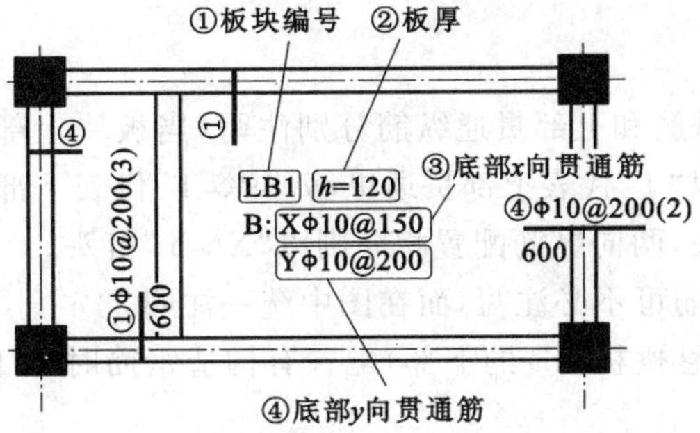

图 6-2　板块集中标注示意图

对于普通楼面，两向均以一跨为一板块；对于密肋楼盖，两向主梁（框架梁）均以一跨为一板块（非主梁密肋不计）。所有板块应逐一编号，相同编号的板块可择其一做集中标注，其他仅注写置于圆圈内的板编号，以及当板面标高不同时的标高高差。板块划分示意图如图 6-3 所示。

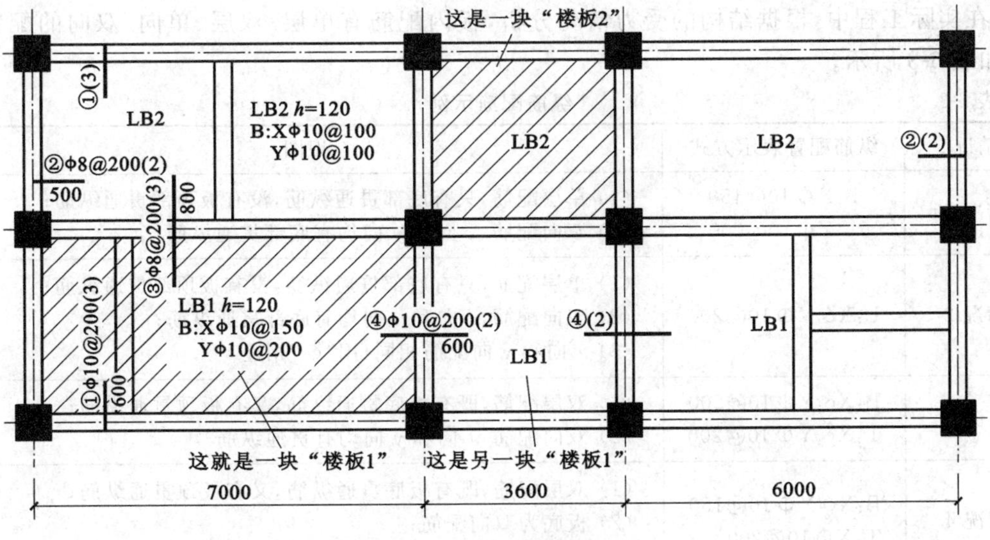

图 6-3　板块划分示意图

① 板块编号。

板块编号如表 6-2 所示。

表 6-2　　　　　　　　　　　　　　　　板块编号

板类型	代号	序号
楼面板	LB	××
屋面板	WB	××
悬挑板	XB	××

② 板厚。

板厚注写为"h＝×××"(为垂直于板面的厚度),当悬挑板的端部改变截面厚度时,用斜线分隔根部和端部的高度值,注写为"h＝×××/×××";当设计已在图注中统一注明板厚时,此项可不注。

③ 纵筋。

纵筋按板块的下部纵筋和上部贯通纵筋分别注写(当板块上部不设贯通纵筋时不注),并以"B"代表下部纵筋,以"T"代表上部贯通纵筋,"B&T"代表下部与上部;x 向纵筋以"X"打头,y 向纵筋以"Y"打头,两向纵筋配置相同则以"X&Y"打头。

当为单向板时,分布筋可不必注写,而在图中统一注明。

当在某些板内(如在悬挑板 XB 的下部)配置有构造钢筋时,x 向以"Xc"打头注写,y 向以"Yc"打头注写。

当 y 向采用放射配筋(切向为 x 向,径向为 y 向)时,设计者应注明配筋间距的定位尺寸。

当纵筋采用两种规格钢筋"隔一布一"方式布置时,注写为"φ x/y@×××",表示直径为 x 的钢筋与直径为 y 的钢筋两者之间间距为×××,直径为 x 的钢筋的间距为×××的 2 倍,直径为 y 的钢筋的间距为×××的 2 倍。

在实际工程中,根据结构的受力情况分析,板内配筋有单层/双层、单向/双向的配置方式,如表 6-3 所示。

表 6-3　　　　　　　　　　　　纵筋配筋示例

情况	纵筋配置表示方式	识图
情况 1	B:Xφ10@150 Yφ10@200	(1) 单层配筋,只有底部贯通纵筋,没有板顶部贯通纵筋; (2) 双向配筋,x 向和 y 向均有底部贯通纵筋
情况 2	B:X&Yφ10@200	(1) 单层配筋,只有底部贯通纵筋,没有板顶部贯通纵筋; (2) 双向配筋,x 向和 y 向均有底部贯通纵筋; (3) x 向和 y 向配筋相同,用"&"相连
情况 3	B:X&Yφ10@200 T:X&Yφ10@200	(1) 双层配筋,既有板底贯通纵筋,又有板顶贯通纵筋; (2) 双向配筋,x 向和 y 向均有贯通纵筋
情况 4	B:X&Yφ10@150 T:Xφ10@200	(1) 双层配筋,既有板底贯通纵筋,又有板顶贯通纵筋; (2) 板底为双向配筋; (3) 板顶部为单向配筋,只有 x 向贯通纵筋

④ 板面标高高差。

板面标高高差是指相对于结构层楼面标高的高差,应将其注写在括号内,且有高差则注,无高差不注。

(2) 板构件集中标注识图。

板构件集中标注识图如表 6-4 所示。

表 6-4   板构件集中标注识图

板平法施工图

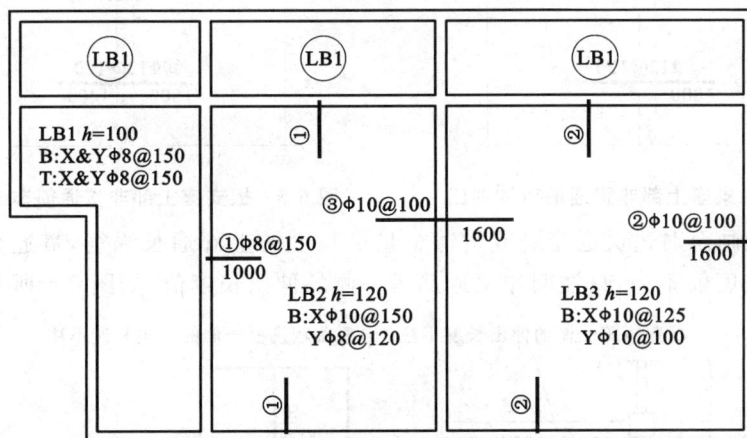

平法表达方式	识图
LB1 h=100 B:X&Yφ8@150 T:X&Yφ8@150	编号为LB1的楼面板,厚度为100 mm,板下部 x 向和 y 向配置的贯通纵筋均为φ8@150,板上部 x 向和 y 向配置的贯通纵筋也均为φ8@150
LB2 h=120 B:Xφ10@150 　Yφ8@120	编号为LB2的楼面板,厚度为120 mm,板下部 x 向配置的贯通纵筋为φ10@150, y 向配置的贯通纵筋为φ8@120
LB3 h=120 B:Xφ10@125 　Yφ10@100	编号为LB3的楼面板,厚度为120 mm,板下部 x 向配置的贯通纵筋为φ10@125, y 向配置的贯通纵筋为φ10@100

3.板支座原位标注

(1)板支座原位标注的内容为板支座上部非贯通纵筋和悬挑板上部受力钢筋。

① 板支座原位标注的钢筋,应在配置相同跨的第一跨表达(当在梁悬挑部位单独配置时在原位表达)。在配置相同跨的第一跨(或梁悬挑部位),垂直于板支座(梁或墙)绘制一段适宜长度的中粗实线(当该筋通长设置在悬挑板或短跨板上部时,实线段应画至对边或贯通短跨),以该线段代表支座上部非贯通纵筋,并在线段上方注写钢筋编号(如①、②等)、配筋值、横向连续布置的跨数(注写在括号内,且当为一跨时可不注),以及是否横向布置到梁的悬挑端。比如,(××)为横向布置的跨数,(××A)为横向布置的跨数及一端的悬挑梁部位,(××B)为横向布置的跨数及两端的悬挑梁部位。

② 板支座上部非贯通纵筋自支座中线向跨内的伸出长度,注写在线段下方位置。

a.当中间支座上部非贯通纵筋向支座两侧对称伸出时,可仅在支座一侧线段下方标注伸出长度,另一侧不注,如图 6-4 所示。

b.当中间支座两侧非对称伸出时,应分别在支座两侧线段下方注写伸出长度,如图 6-5 所示。

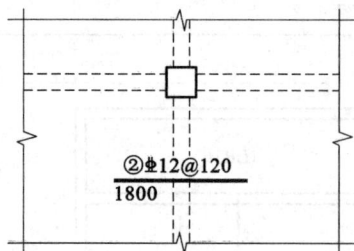

图 6-4　板支座上部非贯通筋对称伸出　　　　图 6-5　板支座上部非贯通筋非对称伸出

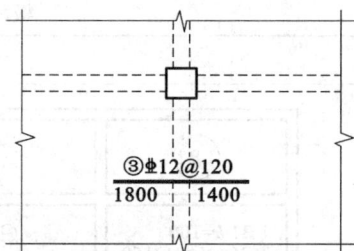

c.对于线段画至对边贯通全跨或贯通全悬挑长度的上部通长纵筋,贯通全跨或伸出至全悬挑一侧的长度值不注,只注明非贯通筋另一侧的伸出长度值,如图 6-6 所示。

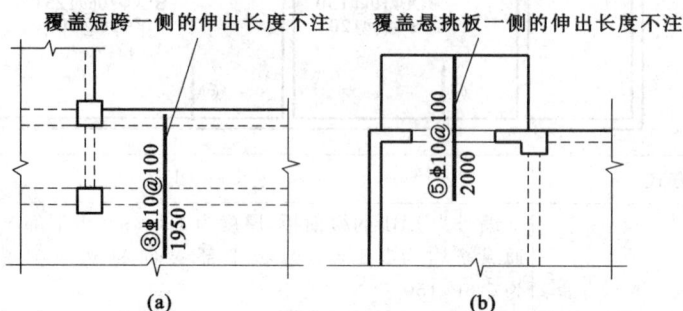

图 6-6　板支座非贯通筋贯通全跨或伸出至悬挑端

d.当板支座为弧形,支座上部非贯通纵筋呈放射状分布时,设计者应注明配筋间距的度量位置并加注"放射分布"四字,必要时应补绘平面配筋图,如图 6-7 所示。

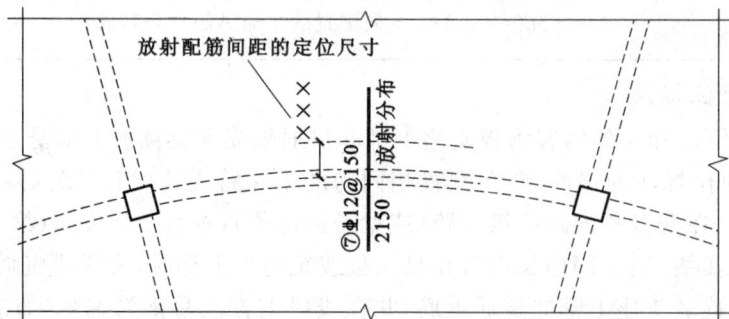

图 6-7　弧形支座处放射配筋

e.悬挑板支座非贯通筋的注写方式如图 6-8 所示。

③ 在板平面布置图中,不同部位的板支座上部非贯通纵筋及悬挑板上部受力钢筋,可仅在一个部位注写,对其他相同者则仅需在代表钢筋的线段上注写编号及按规则注写横向连续布置的跨数即可。

④ 与板支座上部非贯通纵筋垂直且绑扎在一起的构造钢筋或分布钢筋,应由设计者在图中注明。

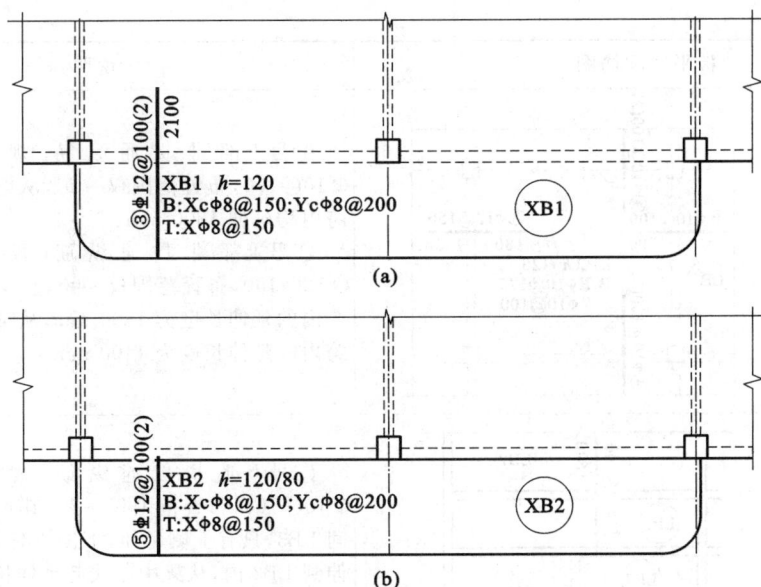

图 6-8 悬挑板支座非贯通筋

（2）当板的上部已配置有贯通纵筋，但需增配板支座上部非贯通纵筋时，应结合已配置的同向贯通纵筋的直径与间距采取"隔一布一"方式配置。

采用"隔一布一"方式，非贯通纵筋的标准间距与贯通纵筋相同，两者组合后的实际间距为各自标注间距的 1/2。当设定贯通纵筋大于或小于总截面面积的 50% 时，两种钢筋取不同直径。

（3）板支座原位标注识图。

板支座原位标注识图如表 6-5 所示。

表 6-5   **板支座原位标注识图**

板平法配筋图	说明
一般情况	①号上部非贯通纵筋，规格和间距为 φ10@100，布置范围仅一跨，从梁中心线向跨内的延伸长度为 1600 mm。 ②号上部非贯通纵筋，规格和间距为 φ10@100，布置范围为两跨，从梁中心线向跨内的延伸长度为 1600 mm。 ③号上部非贯通纵筋，规格和间距为 φ10@100，布置范围仅一跨，从梁中心线向右侧跨内延伸 1600 mm，但左侧没有尺寸标注，则标明该上部非贯通纵筋向支座两侧对称延伸，即从梁中心线向左侧跨内也延伸 1600 mm。 ④号上部非贯通纵筋，规格和间距为 φ10@100，布置范围为两跨，其长度方向横跨中间 LB3，上、下两侧延伸到 LB2 内，从梁中心线起两侧延伸长度均为 1600 mm

板平法配筋图	说明
一般情况	②号上部非贯通纵筋，规格和间距为 ϕ10@100，布置范围仅一跨，从梁中心线向两侧跨内均延伸 1800 mm。 ③号上部非贯通纵筋，规格和间距为 ϕ12@150，布置范围仅一跨，从梁中心线向左侧跨内的延伸长度为 1800 mm，从梁中心线向右侧跨内的延伸长度为 1400 mm
	⑤号上部非贯通纵筋，规格和间距为 ϕ10@100，布置范围仅一跨，其长度方向横跨中间 LB3，只有上侧延伸，下侧不延伸，并且上侧延伸到 LB2 内，从梁中心线起延伸长度为 1600 mm
	⑤号上部非贯通纵筋，规格和间距为 ϕ10@100，布置范围仅一跨，其上侧延伸到悬挑板的尽端，下侧从梁中心线起的延伸长度为 2000 mm
	⑦号上部非贯通纵筋，规格和间距为 ϕ12@150，布置范围仅一跨，从梁中心线向两侧跨内均延伸 2150 mm，沿弧形梁布置，其中确定配筋间距的部位为梁中心线外侧 200 mm 处
特殊情况 "隔一布一"	板的集中标注如下： LB1 h＝100 B:X&Y ϕ10@150 T:X&Y ϕ12@250 同时该跨 y 向原位标注的上部支座非贯通纵筋为 ϕ12@250。集中标注的 y 向贯通纵筋为 ϕ12@250，支座上部 y 向的非贯通纵筋为 ϕ12@250，则该支座上部 y 向设置的纵向钢筋实际为 ϕ12@125
	板的集中标注如下： LB1 h＝100 B:X&Y ϕ10@150 T:X&Y ϕ10@250 同时该跨 y 向原位标注的上部支座非贯通纵筋为 ϕ12@250。集中标注的 y 向贯通纵筋为 ϕ10@250，支座上部 y 向的非贯通纵筋为 ϕ12@250，则该支座上部 y 向设置的纵向钢筋实际为 $(1\phi10+1\phi12)$@250

板平法配筋图	说明

特殊情况 · "能通则通"

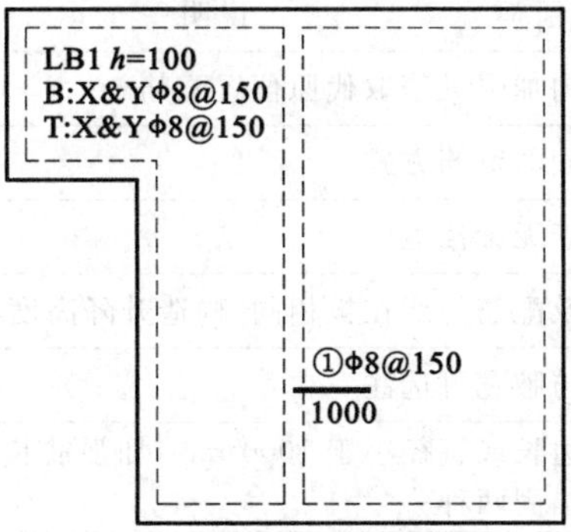

LB1 $h=100$
B:X&Yϕ8@150
T:X&Yϕ8@150

①ϕ8@150
1000

(集中标注和原位标注)
(a)

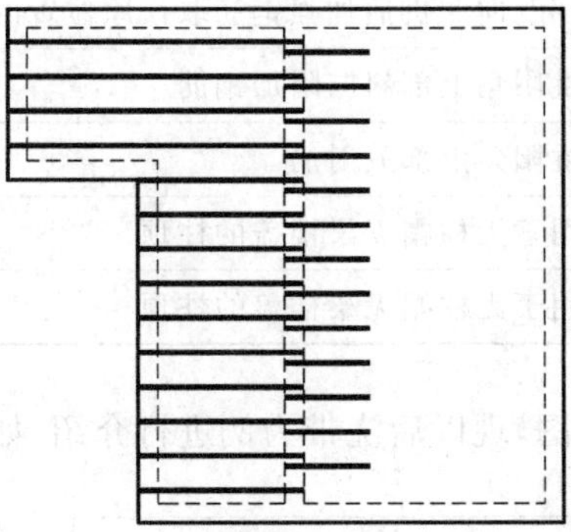

(都在中间支座上锚固)
(b)

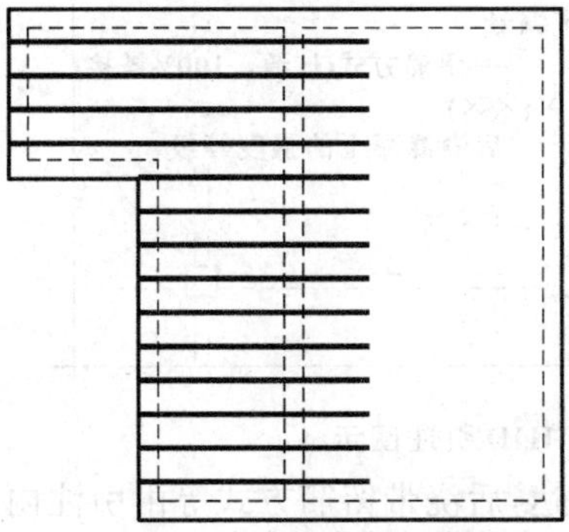

(在中间支座上贯通)
(c)

如图（a）所示，板的集中标注如下。

LB1 $h=100$

B:X&Yϕ8@150

T:X&Yϕ8@150

在相邻的板中原位标注了非贯通纵筋，即①ϕ8@150。

《混凝土结构施工图平面整体表示方法制图规则和构造详图（现浇混凝土框架、剪力墙、梁、板）》(16G101-1)规定，当支座一侧设置了上部贯通纵筋（在集中标注中以"T"打头），而在支座另一侧设置了上部非贯通纵筋时，如果支座两侧设置的纵筋直径、间距相同，应将两者连通，避免各自在支座上部分别锚固。

如图（b）所示，原本上部贯通纵筋在中间支座锚固，上部非贯通纵筋也在中间支座锚固，并且上部贯通纵筋和上部非贯通纵筋的直径、间距均相同。根据上述规定，应两者连通，变成在中间支座上贯通的一种钢筋，如图（c）所示

4.相关构造识图

（1）板构件的相关构造包括纵筋加强带、后浇带、柱帽、局部升降板、板加腋、板开洞、板翻边、角部加强筋、悬挑板阴角附加筋、悬挑板阳角加强筋、抗冲切箍筋和抗冲切弯起筋，其平法表达方式是在板平法施工图上采用直接引注方式。

楼板相关构造类型与编号如表 6-6 所示。

表 6-6   楼板相关构造类型与编号

构造类型	代号	序号	说明
纵筋加强带	JQD	××	以单向加强纵筋取代原位置配筋
后浇带	HJD	××	有不同的留筋方式
柱帽	ZM	××	适用于无梁楼盖
局部升降板	SJB	××	板厚及配筋与所在板相同,构造升降高度不大于 300 mm
板加腋	JY	××	腋高与腋宽可选注
板开洞	BD	××	最大边长或直径小于 1000 mm,加强筋长度有全跨贯通和自洞边锚固两种
板翻边	FB	××	翻边高度不大于 300 mm
角部加强筋	Crs	××	以上部双向非贯通加强钢筋取代原位置的非贯通纵筋
悬挑板阴角附加筋	Cis	××	板悬挑阴角上部斜向附加钢筋
悬挑板阳角加强筋	Ces	××	板悬挑阳角上部放射筋
抗冲切箍筋	Rh	××	通常用于无柱帽无梁楼盖的柱顶
抗冲切弯起筋	Rb	××	通常用于无柱帽无梁楼盖的柱顶

(2) 本节不展开讲解板构件相关构造的识图,现以后浇带为例进行介绍,如图 6-9 所示。

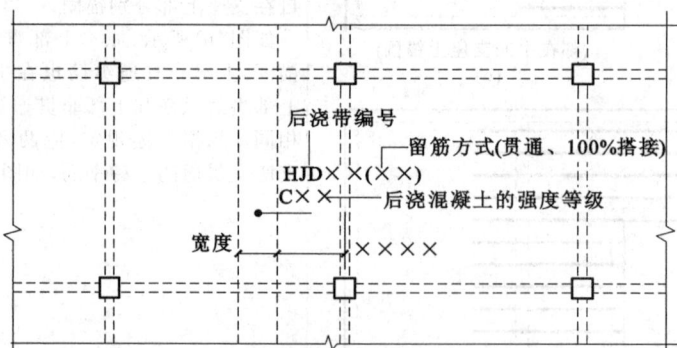

图 6-9 后浇带 HJD 引注图示

后浇带的平面形状及定位由平面布置图表达,后浇带留筋方式等由引注内容表达,包括:

① 后浇带编号及留筋方式代号。《混凝土结构施工图平面整体表示方法制图规则和构造详图(现浇混凝土框架、剪力墙、梁、板)》(16G101-1)提供了两种留筋方式,分别为贯通和100%搭接。贯通钢筋的后浇带宽度通常取大于或等于 800 mm,100%搭接钢筋的后浇带宽度通常取 800 mm 与(l_l+60 或 l_{lE}+60)两者中的较大值(l_l、l_{lE} 分别为受拉钢筋搭接长度、受拉钢筋抗震搭接长度)。

② 后浇混凝土的强度等级表示为 C××。宜采用补偿收缩混凝土,设计应注明相关施工要求。

③ 当后浇带区域留筋方式或后浇混凝土强度等级不一致时,设计者应在图中注明与图示不一致的部位及做法。

6.2 计算板构件钢筋工程量

6.2.1 板构件钢筋体系

板构件的钢筋构造是指板构件的各种钢筋在实际工程中可能出现的各种构造情况,板构件钢筋构造知识体系如表 6-7 所示。

表 6-7

板构件钢筋构造知识体系

(有梁)板构件钢筋构造知识体系	板底筋	端部及中间支座锚固
		悬挑板
		板翻边
		局部升降板
	板顶筋	端部锚固
		悬挑板
		板翻边
		局部升降板
	支座负筋及分布筋	端支座负筋
		中间支座负筋
		跨板支座负筋

梁内部分钢筋的实物示意图如图 6-10 所示。

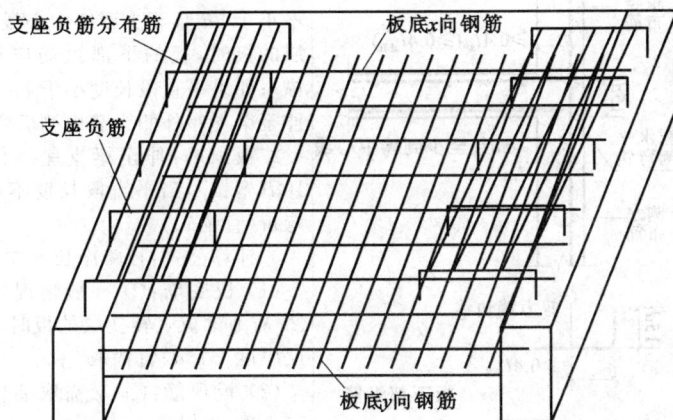

图 6-10 梁内部分钢筋的实物示意图

6.2.2 板底(顶)筋钢筋构造

1.端部锚固构造

板底(顶)筋的端部锚固构造如表 6-8 所示。

表 6-8   板底(顶)筋的端部锚固构造

类型	构造图	构造要点
普通楼屋面板	 设计按铰接时:$\geqslant 0.35l_{ab}$ 充分利用钢筋的抗拉强度时:$\geqslant 0.6l_{ab}$ 外侧梁角筋 $15d$ $\geqslant 5d$且至少到梁中心线 在梁角筋内侧弯钩	1.板底筋(直锚):伸入支座长度不小于 $5d$ 且至少到梁中心线。 2.板顶筋:伸至梁支座外侧纵筋内侧后弯折 $15d$(弯锚),当平直段长度不小于 l_a 时可不弯折(直锚)。 3.计算公式:板跨净长+左、右端锚固长度。 (1)板底筋:$\max\{5d,\text{梁宽}/2\}$。 (2)板顶筋:① 弯锚,梁宽−保护层厚度+$15d$;② 直锚,l_a
用于梁板式转换层的楼面板	 外侧梁角筋 $\geqslant 0.6l_{abE}$ $15d$ $15d$ 在梁角筋内侧弯钩 $\geqslant 0.6l_{abE}$	1.板底筋:伸至梁支座外侧纵筋内侧后弯折 $15d$(弯锚),当平直段长度不小于 l_{aE} 时可不弯折(直锚)。 2.板顶筋:伸至梁支座外侧纵筋内侧后弯折 $15d$(弯锚),当平直段长度不小于 l_{aE} 时可不弯折(直锚)。 其中,l_{aE} 按抗震等级为四级取值,也可根据实际工程情况另行指定。 3.计算公式:板跨净长+左、右端锚固长度。 (1)板底筋:① 弯锚,梁宽−保护层厚度+$15d$;② 直锚,l_{aE} (2)板顶筋:① 弯锚,梁宽−保护层厚度+$15d$;② 直锚,l_{aE}
端部支座为剪力墙中间层	 墙外侧竖向分布筋 $\geqslant 0.4l_{ab}(\geqslant 0.4l_{abE})$ $15d$ 伸至墙外侧水平分布筋内侧弯钩 $\geqslant 5d$且至少到墙中心线(l_{aE}) 墙外侧水平分布筋 $15d$ $\geqslant 0.4l_{abE}$ 剪力墙边线 板下部纵筋 详图(a)	1.板底筋:一般情况(直锚)下,伸入支座长度不小于 $5d$ 且至少到墙中心线。当为梁板式转换层的板时,板的下部纵筋应伸至支座内 l_{aE}(直锚);如果平直段长度小于 l_{aE},则如详图(a)所示,伸至梁支座外侧纵筋内侧后弯折 $15d$(弯锚)。 2.板顶筋:伸至梁支座外侧纵筋内侧后弯折 $15d$(弯锚),当平直段长度不小于 $l_a(l_{aE})$ 时可不弯折(直锚)。 3.计算公式:板跨净长+左、右端锚固长度。 (1)板底筋:① 一般情况,$\max\{5d,\text{墙厚}/2\}$。② 当为梁板式转换层的板时,弯锚取墙厚−保护层厚度+$15d$;直锚取 l_{aE}。 (2)板顶筋:① 弯锚取墙厚−保护层厚度+$15d$;② 直锚取 l_{aE}

类型	构造图	构造要点
端部支座为剪力墙墙顶	伸至墙外侧水平分布筋内侧弯钩 $\geqslant 0.35 l_{ab}$ $15d$ $\geqslant 5d$且至少到墙中心线 墙外侧水平分布筋 **板端按铰接设计** 伸至墙外侧水平分布筋内侧弯钩 $\geqslant 0.6 l_{ab}$ $15d$ $\geqslant 5d$且至少到墙中心线 墙外侧水平分布筋 **板端上部纵筋充分利用钢筋的抗拉强度时**	1.板底筋:伸入支座长度不小于 $5d$ 且至少到墙中心线。 2.板顶筋:伸至墙外侧水平分布筋内侧弯折 $15d$(弯锚),当平直段长度不小于 l_a 时可不弯折(直锚)。 3.计算公式:板跨净长＋左、右端锚固长度。 (1)板底筋:$\max\{5d,$墙厚$/2\}$。 (2)板顶筋:① 弯锚取墙厚－保护层厚度＋$15d$;② 直锚取 l_a。
	$15d$ l_l $\geqslant 5d$且至少到墙中心线 **断点位置低于板底** 墙外侧水平分布筋 **搭接连接**	1.板底筋:伸入支座长度不小于 $5d$ 且至少到墙中心线。 2.板顶筋:墙外侧垂直分布筋伸至板顶弯折 $15d$,板顶筋与墙外侧垂直分布筋搭接 l_l 且断点位置要低于板底。 3.计算公式: (1)板底筋,$\max\{5d,$墙厚$/2\}$; (2)板顶筋,$\max\{$墙厚－保护层厚度－$15d$＋l_l,墙厚－墙保护层厚度＋板厚－板保护层厚度$\}$

2.中间支座构造

中间支座构造如表 6-9 所示。

表 6-9　　　　　　　　　　　　　　中间支座构造

构造详图	有梁楼盖楼面板 LB 和屋面板 WB 钢筋构造 （括号内的锚固长度 l_{aE} 用于梁板式转换层的板）
构造要点	1. 下部纵筋：伸入支座 $5d$ 且至少到梁中心线；但为梁板式转换层的板时，下部纵筋伸入支座的锚固长度为 l_{aE}。 2. 上部纵筋： （1）与支座垂直的贯通纵筋，贯通跨越中间支座，上部贯通纵筋连接区在跨中 1/2 跨度范围内； （2）与支座同向的贯通纵筋，从距离梁边 1/2 板筋间距处开始设置

6.2.3　上部非贯通纵筋及其分布筋构造

上部非贯通纵筋及其分布筋构造如表 6-10 所示。

表 6-10　　　　　　　　　　　上部非贯通纵筋及其分布筋构造

构造详图	

构造要点	1.上部非贯通纵筋:延伸至板跨内弯折;延伸至板跨的长度按设计标注尺寸确定,端部弯折长度取为板厚－保护层厚度。 2.上部非贯通纵筋分布筋:伸进上部非贯通纵筋相交形成的角部矩形区域 150 mm
计算公式	1.上部非贯通纵筋: 　　两侧延伸至板内长度＋2×(板厚－保护层厚度) 2.上部非贯通纵筋分布筋: 　　板跨支座中心线长－两侧非贯通纵筋延伸长度＋2×150

6.2.4 悬挑板钢筋构造

悬挑板 XB 钢筋构造如表 6-11 所示。

表 6-11　　　　　　　　　　悬挑板 XB 钢筋构造

悬挑板与屋面板 (楼面板)平齐	构造详图	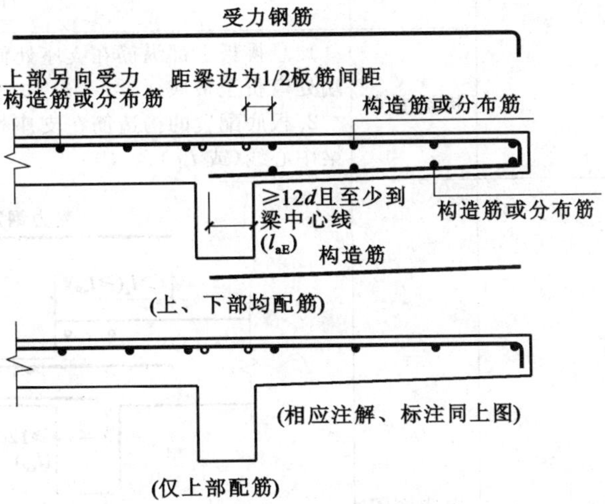
	构造要点	1.延伸悬挑板上部纵筋,与相邻跨板同向的顶部贯通纵筋或顶部非贯通纵筋贯通,一直延伸到悬挑板尽端处弯折到板底。 2.板底配置的构造筋在支座处的锚固要求为长度不小于 12d 且至少到梁中心线(或 l_{aE})

续表

纯悬挑板	构造详图	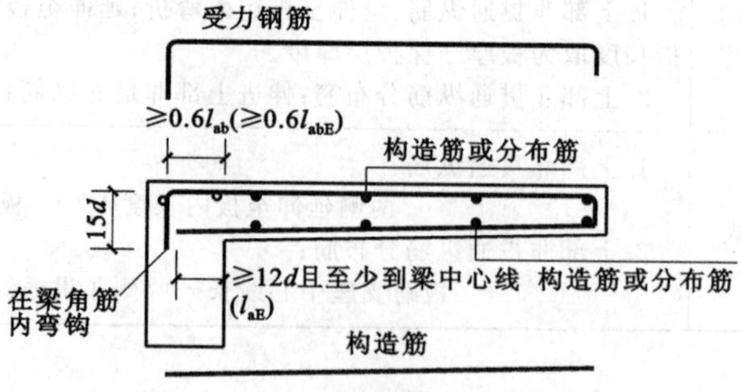 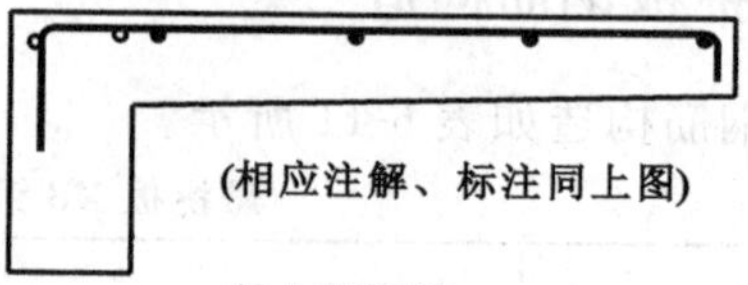
	构造要点	1. 悬挑板上部纵筋在支座处伸至梁角筋内侧向下弯折 $15d$,端部伸到尽端处弯折至板底。 2. 板底配置的构造筋在支座处的锚固要求为长度不小于 $12d$ 且至少到梁中心线(或 l_{aE})
悬挑板与屋面板（楼面板）不齐	构造详图	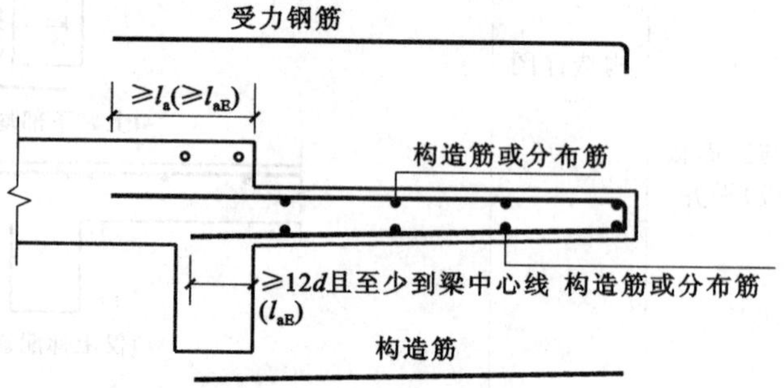 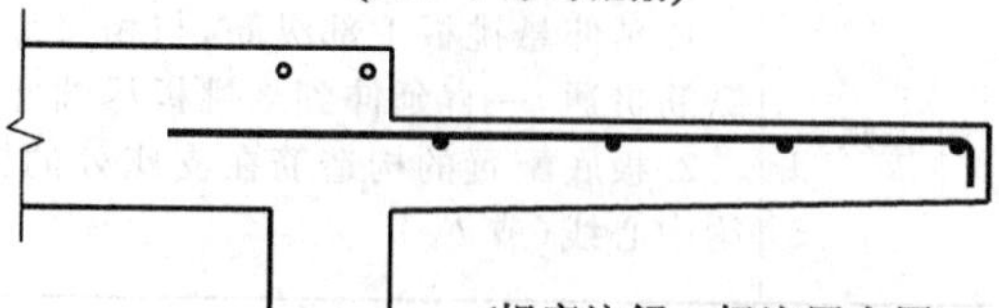
	构造要点	1. 悬挑板上部纵筋在支座高位板处伸入 $l_a(l_{aE})$,端部伸到尽端处弯折至板底。 2. 板底配置的构造筋在支座处的锚固要求为长度不小于 $12d$ 且至少到梁中心线(或 l_{aE})

受力钢筋

$\geqslant 0.6l_{ab}(\geqslant 0.6l_{abE})$

$15d$

构造筋或分布筋

在梁角筋内弯钩

$\geqslant 12d$且至少到梁中心线 构造筋或分布筋 (l_{aE})

构造筋

（上、下部均配筋）

（相应注解、标注同上图）

（仅上部配筋）

受力钢筋

$\geqslant l_a(\geqslant l_{aE})$

构造筋或分布筋

$\geqslant 12d$且至少到梁中心线 构造筋或分布筋 (l_{aE})

构造筋

（上、下部均配筋）

（相应注解、标注同上图）

（仅上部配筋）

6.2.5　板翻边构造

板翻边 FB 构造如表 6-12 所示。

表 6-12　　　　　　　　　　　　　　板翻边 FB 构造

下翻边	构造详图	**(仅上部配筋)**　　　　**(上、下部均配筋)**		
	构造要点	1. 板翻边外侧纵筋与板上部钢筋贯通,伸至翻边高度尽端处弯折; 2. 板翻边内侧纵筋单独设置,上部锚入板内 l_a,下部伸至翻边高度尽端处弯折		
	计算公式	1. 板翻边外侧纵筋: 　　板厚+板翻边高度−2×保护层厚度+翻边厚度−2×保护层厚度 2. 板翻边内侧纵筋: 　　l_a+板翻边高度−保护层厚度+翻边厚度−2×保护层厚度		
上翻边	构造详图	**(仅上部配筋)**　　　　**(上、下部均配筋)**		
	构造要点	1. 板翻边外侧纵筋与板下部钢筋贯通,伸至翻边高度尽端处弯折; 2. 板翻边内侧纵筋单独设置,下部锚入板内 l_a,上部伸至翻边高度尽端处弯折		
	计算公式	1. 板翻边外侧纵筋: 　　板厚+板翻边高度−2×保护层厚度+翻边厚度−2×保护层厚度 2. 板翻边内侧纵筋: 　　l_a+板翻边高度−保护层厚度+翻边厚度−2×保护层厚度		

6.3　板构件钢筋计算实例

本章 6.2 节主要介绍了板构件的平法钢筋构造,本节就这些钢筋构造情况进行举例计算。

假设根据某工程板构件结构施工图,得出的计算条件如表 6-13 所示。

表 6-13 **钢筋计算条件**

计算条件	数据
板构件混凝土强度	C30
结构抗震等级	非抗震
梁构件纵筋连接方式	绑扎搭接
钢筋定尺长度	9000 mm
保护层厚度	梁:25 mm;板:15 mm

（1）计算图 6-11 所示 3.600 m 处楼板①、②轴交Ⓑ、Ⓒ轴的 LB4 的钢筋工程量（计算过程中，钢筋长度以 mm 为单位，保留整数；质量以 kg 为单位，保留两位小数）。

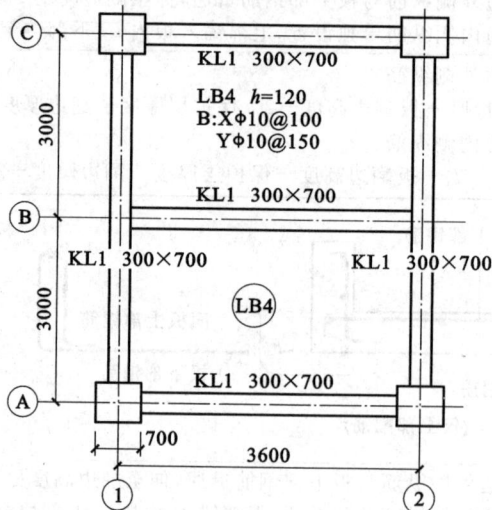

图 6-11 3.600 m 处楼板平法示意图(轴线居中)

① 根据已知条件,确定相关计算参数,见表 6-14。

表 6-14 **某层楼板钢筋计算参数**

参数名称	参数值
梁保护层厚度 c	25 mm
板保护层厚度 c	15 mm
非抗震锚固长度 l_a	$l_a=30d$
非抗震搭接长度 l_l	$l_l=42d$
钢筋起步距离	1/2 板筋间距
板四周梁宽	300 mm

② 钢筋计算过程如表 6-15 所示。

表 6-15 钢筋计算过程

钢筋类型		计算过程	说明
LB4	B:Xϕ10@100	单根长度: $3600-2\times150+2\times\max\{5\times10,300/2\}+2\times6.25\times10=3725(mm)$	1.端部伸入支座内 $5d$ 且到梁支座中心线。 2.HPB300 级钢筋作为受拉钢筋端部需做 180°弯钩,增加长度为 $6.25d$
		根数: $(3000-2\times150-2\times100/2)/100+1=27(根)$	钢筋起步距离为 1/2 板筋间距
		总长度:$3725\times27=100575(mm)$	
	B:Yϕ10@150	单根长度: $3000-2\times150+2\times\max\{5\times10,300/2\}+2\times6.25\times10=3125(mm)$	1.端部伸入支座内 $5d$ 且到梁支座中心线。 2.HPB300 级钢筋作为受拉钢筋端部需做 180°弯钩,增加长度为 $6.25d$
		根数: $(3600-2\times150-2\times150/2)/150+1=22(根)$	钢筋起步距离为 1/2 板筋间距
		总长度:$3125\times22=68750(mm)$	

③ 钢筋汇总表如表 6-16 所示。

表 6-16 钢筋汇总表

钢筋规格	钢筋比重/(kg/m)	钢筋名称	总长度/m	重量计算式	总重/kg
ϕ10	0.617	x 向钢筋	100.575	$0.617\times100.575=62.05$	104.47
		y 向钢筋	68.750	$0.617\times68.750=42.42$	

(2) 计算图 6-12 所示 7.200 m 处楼板①号支座上部非贯通纵筋的钢筋工程量(计算过程中,钢筋长度以 mm 为单位,保留整数;质量以 kg 为单位,保留两位小数)。

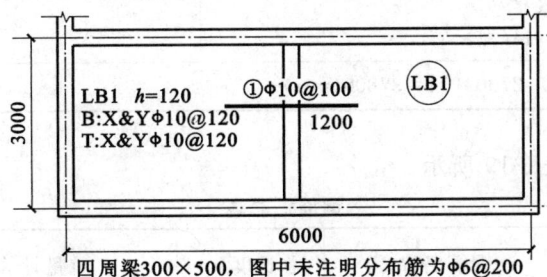

图 6-12 7.200 m 处楼板平法示意图(轴线居中)

① 根据已知条件,确定相关计算参数,见表 6-17。

表 6-17   **某层楼板钢筋计算参数**

参数名称	参数值
梁保护层厚度 c	25 mm
板保护层厚度 c'	15 mm
非抗震锚固长度 l_a	$l_a = 30d$
非抗震搭接长度 l_l	$l_l = 42d$
钢筋起步距离	1/2 板筋间距
板四周梁宽	300 mm
未注明的分布钢筋	$\phi 6@200$

    ② 钢筋计算过程如表 6-18 所示。

表 6-18   **钢筋计算过程**

钢筋类型	计算过程	说明
支座上部非贯通纵筋：①X ϕ 10@100	单根长度：$1200 \times 2 + 2 \times (120-15) = 2610(\text{mm})$	1. 非贯通纵筋的延伸长度从支座中心线计算,延伸长度标注在下部,对称延伸时标注一侧。 2. 非贯通纵筋延伸到板跨内弯折到板底
	根数：$(3000 - 2 \times 150 - 2 \times 100/2)/100 + 1 = 27(\text{根})$	钢筋起步距离为 1/2 板筋间距
	总长度：$2610 \times 27 = 70470(\text{mm})$	
支座上部非贯通纵筋分布筋：ϕ 6@200	单根长度：$3000 - 2 \times 300/2 = 2700(\text{mm})$	非贯通纵筋分布筋与非贯通纵筋垂直布置
	单侧根数：$(1200 - 150/2 - 200/2)/200 + 1 = 7(\text{根})$ 总根数：$2 \times 7 = 14(\text{根})$	钢筋起步距离为 1/2 板筋间距
	总长度：$2700 \times 14 = 37800(\text{mm})$	

    ③ 钢筋汇总表如表 6-19 所示。

表 6-19   **钢筋汇总表**

钢筋规格	钢筋比重/(kg/m)	钢筋名称	总长度/m	重量计算式	总重/kg
ϕ 10	0.617	支座上部非贯通纵筋	70.470	$0.617 \times 70.470 = 43.48$	43.48
ϕ 6	0.222	支座上部非贯通纵筋分布筋	37.800	$0.222 \times 37.800 = 8.39$	8.39

拓 展 学 习

剪力墙构件

楼梯构件

参考文献

［1］　中国建筑标准设计研究院. 16G101-1　混凝土结构施工图平面整体表示方法制图规则和构造详图(现浇混凝土框架、剪力墙、梁、板). 北京:中国计划出版社,2016.

［2］　中国建筑标准设计研究院. 16G101-3　混凝土结构施工图平面整体表示方法制图规则和构造详图(独立基础、条形基础、筏形基础、桩基础). 北京:中国计划出版社,2016.

［3］　上官子昌. 11G101 图集应用——平法钢筋算量. 北京:中国建筑工业出版社,2012.

［4］　魏丽梅. 钢筋平法识图与计算. 长沙:中南大学出版社,2015.

［5］　彭波,李文渊,王丽. 平法钢筋识图算量基础教程. 2 版. 北京:中国建筑工业出版社,2013.

［6］　陈达飞. 平法识图与钢筋计算. 2 版.北京:中国建筑工业出版社,2012.

［7］　栾怀军. 16G101 图集应用问答——框架·剪力墙·梁. 北京:中国建筑工业出版社,2016.

［8］　栾怀军. 16G101 图集应用问答——独立基础·条形基础·筏形基础·桩基础. 北京:中国建筑工业出版社,2016.